中国木薯重要虫害
绿色防控原色图谱

陈 青 梁 晓 刘 迎 伍春玲 徐雪莲 等 著

U0349193

中国农业科学技术出版社

图书在版编目（CIP）数据

中国木薯重要虫害绿色防控原色图谱 / 陈青等著. --北京：
中国农业科学技术出版社，2023.6
ISBN 978-7-5116-6345-0

Ⅰ.①中… Ⅱ.①陈… Ⅲ.①木薯—病虫害防治—图谱
Ⅳ.①S435.33-64

中国国家版本馆CIP数据核字（2023）第 123853 号

责任编辑	李　华
责任校对	李向荣
责任印制	姜义伟　王思文

出 版 者	中国农业科学技术出版社
	北京市中关村南大街 12 号　　邮编：100081
电　　话	（010）82109708（编辑室）　　（010）82109702（发行部）
	（010）82109709（读者服务部）
网　　址	https://castp.caas.cn
经 销 者	各地新华书店
印 刷 者	北京建宏印刷有限公司
开　　本	148 mm×210 mm　1/32
印　　张	5
字　　数	130 千字
版　　次	2023 年 6 月第 1 版　　2023 年 6 月第 1 次印刷
定　　价	68.00 元

《中国木薯重要虫害绿色防控原色图谱》

著者名单

主　　著：陈　青（中国热带农业科学院环境与植物保护研究所）

梁　晓（中国热带农业科学院环境与植物保护研究所）

刘　迎（中国热带农业科学院环境与植物保护研究所）

伍春玲（中国热带农业科学院环境与植物保护研究所）

徐雪莲（中国热带农业科学院环境与植物保护研究所）

副 主 著：卢赛清（广西壮族自治区亚热带作物研究所）

李春光（南宁市武鸣区农业农村综合服务中心）

林洪鑫（江西省农业科学院）

宋　勇（湖南农业大学）

李兆贵（南宁市武鸣区农业技术推广中心）

李　欣（宁夏农业国际合作项目服务中心）

刘光华（云南省农业科学院国际农业研究所）

参著人员：欧文军（中国热带农业科学院热带作物品种资源研究所）

李伯松（中国热带农业科学院广州试验站）

刘传森（大田县农业科学研究所）

劳赏业（合浦县农业科学研究所）

周　宾（桂林市农业科学院）

谢红辉（广西壮族自治区亚热带作物研究所）

钱均祥（云南省农业科学院国际农业研究所）

前 言 Foreword

　　木薯（*Manihot esculenta* Crantz）是世界重要的粮食、工业原料和生物质能源作物，在世界粮食安全、生物质能源和食品加工等领域发挥着非常重要的作用，并作为"先锋作物"在服务国家"一带一路"倡议中的优势日益突出。《国务院办公厅关于促进我国热带作物产业发展的意见》中明确指出，木薯等热带作物是重要的国家战略资源和日常消费品，制定中长期发展规划要优先支持木薯等主要热带作物的生产。2018年8月22日国务院常务会议坚持加快建设木薯燃料乙醇项目。农业农村部《2020年乡村产业工作要点》明确指出，集中资源，集合力量，引导各地建设特色粮、油、薯等种养基地，创新发展绿色循环优质高效特色农业，建设绿色化、标准化、规模化、产业化特色农产品生产基地。木薯产业的发展一直受到国家、省部领导的高度重视。

　　因此，著者针对我国木薯产业发展与实际需求，将害虫识别、防控与生产实际相结合，出版《中国木薯重要虫害绿色防控原色图谱》。本书系统介绍了中国木薯主产区主要害虫及其为害症状、重要害虫为害特性与发生规律、木薯种质资源抗虫性鉴定技术规程及应用、重要虫害全程绿色综合防控技术及应用等，以期为我国木薯产业健康持续发展、产业脱贫攻坚和乡村振兴提供重要的基础信息和技术支撑。

本书能够顺利出版，得到了国家木薯产业技术体系虫害防控岗位科学家专项（CARS-11-HNCQ）、农业农村部农业资源调查与保护利用专项（No. NFZX-2021）、农业农村部财政项目"重大病虫害监测、热作病虫害绿色防控技术创新与示范推广"（18210019）、海南省自然科学基金（321RC1091）等项目支持，谨此致谢。

本书具有良好的针对性和实用性，可为相关科研与教学单位、企业、农技推广部门及当地政府产业发展决策提供重要参考，十分有利于中国木薯产业持续健康发展中的虫害绿色防控水平的整体提升，具有广泛的行业、社会影响力和良好的应用推广前景。

限于著者的知识与专业水平，书中如有不足之处，敬请广大读者予以指正。

著　者

2023年5月

目 录 Contents

1 中国木薯主产区主要害虫及其为害症状

木薯单爪螨（*Mononychellus tanajoa*）

记录省份：海南、广西、广东、云南

麦氏单爪螨（*Mononychellus mcgregori*）

记录省份：海南、广西、广东、云南

二斑叶螨（*Tetranychus urticae*）

记录省份：海南、广西、广东、云南、福建、江西、湖南

朱砂叶螨（*Tetranychus cinnabarinus*）

记录省份：海南、广西、广东、云南、福建、江西、湖南

非洲真叶螨（*Eutetranychus africanus*）

记录省份：海南、广西、广东、云南

截形叶螨（*Tetranychus truncatus*）

记录省份：海南、广西、广东、云南

木薯绵粉蚧（*Phenacoccus manihoti*）

记录省份：海南、广西、广东、云南

木瓜秀粉蚧（*Paracoccus marginatus*）

记录省份：海南、广西、广东、云南、福建、江西、湖南

美地绵粉蚧（*Phenacoccus madeirensis*）

记录省份：海南、广西、广东、云南、福建、江西、湖南

白蛎蚧（*Aonidomytilus albus*）

记录省份：海南、广西、广东、云南、福建

橡副珠蜡蚧（*Parasaissetia nigra*）

记录省份：海南、广西、广东、云南、福建、江西、湖南

双条拂粉蚧（*Ferrisia virgata*）

记录省份：海南、广西、广东、云南、福建

烟粉虱（*Bemisia tabaci*）

记录省份：海南、广西、广东、云南、福建、江西、湖南

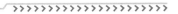

螺旋粉虱（*Aleurodicus disperses*）

记录省份：海南

绿盲蝽（*Apolygus lucorum*）

记录省份：海南、广西、广东、云南、福建、江西、湖南

草地贪夜蛾（*Spodoptera frugiperda*）

记录省份：海南、广西、广东、云南

斜纹夜蛾（*Spodoptera litura*）

记录省份：海南、广西、广东、云南、福建、江西、湖南

棉铃虫（*Helicoverpa armigera*）

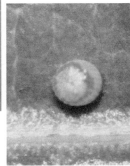

记录省份：海南、广西、广东、云南、福建、江西、湖南

蔗根锯天牛（*Dorysthenes granulosus*）

记录省份：海南、广西、广东、云南、福建

铜绿丽金龟（*Anomala corpulenta*）

记录省份：海南、广西、广东、云南、福建、江西、湖南

橡胶木犀金龟（*Xylotrupes gideon*）

记录省份：海南、云南

痣鳞鳃金龟（*Lepidiota stigma*）

记录省份：广西、广东、福建

华南大黑鳃金龟（*Holotrichia sauteri*）

记录省份：海南、广西、广东

小青花金龟（*Oxycetonia jucunda*）

记录省份：海南

2 中国木薯重要害虫为害特性与发生规律

2.1 木薯单爪螨

2.1.1 分类

木薯单爪螨（*Mononychellus tanajoa*）属蛛形纲（Arachnida）、蜱螨目（Acarina）、叶螨科（Tetranychidae）、单爪螨属（*Mononychellus*）。

2.1.2 形态特征

成螨体绿色，雌螨平均体长约350μm，雄螨平均体长约230μm，包括颚体长约281μm。须肢端感器粗，长度不到宽度的1.5倍。口针鞘前端钝圆，气门沟末端球状，肤纹突明显，前足体后端肤纹微网状。前足体背毛，后半体背侧毛和肩毛的长度与它们基部间距相当。后半体背中毛长度约为它们基部间距的1/2。足Ⅰ跗节有5根触毛和1根纤细感毛，胫节有9根触毛和1根纤细感毛。足Ⅱ跗节有3根触毛和1根纤细感毛，胫节有7根触毛。麦氏单爪螨（*M. mcgregori*）与木薯单爪螨（*M. tanajoa*）很相似，为害症状、为害部位均相似，肉眼很难区分，主要区别在于，麦氏单爪螨背毛长锥形，顶端渐尖，基部具棘，而木薯单爪螨背毛短，无棘。

2.1.3　生态分布

木薯单爪螨属世界危险性害螨，为中国大陆检疫性害虫，主要分布在美洲，其中包括阿根廷、巴西、哥伦比亚、特立尼达和多巴哥、委内瑞拉、厄瓜多尔、秘鲁及加勒比海等国家和地区。2008年首次在中国海南儋州国家木薯种质资源圃发现 *M. mcgregori*，目前在海南、广西、广东及云南木薯种植区发现 *M. tanajoa*和*M. mcgregori*呈复合加重为害趋势，但在江西、福建和湖南木薯种植区轻度发生与为害。

2.1.4　寄主植物

木薯单爪螨寄主植物主要有大戟科、豆科、锦葵科。

2.1.5　取食为害

以成螨、幼螨和若螨为害植株顶芽、嫩叶和茎的绿色部分，一般聚集在叶背刺吸汁液为害，受害叶片均匀布满黄白色斑点，受害严重时可导致叶片褪绿黄化，顶芽及茎部弯曲，茎皮变褐色，甚至畸形，枝条干枯，严重时整株死亡。木薯单爪螨对宽叶木薯品种（系）有一定的偏食性，为害一般可导致木薯减产5%～30%，严重为害时可使木薯减产40%～60%，甚至绝收。

2.1.6　发生规律

木薯单爪螨多发生于高温干旱季节，适宜温度为20～32℃，适宜湿度75%～85%，逢雨种群数量急剧下降。该螨繁殖速度快，9～15d繁殖1代，发育与生殖力强，且世代重叠严重，种群增殖快。该螨每雌产卵量在20～32℃随温度升高逐渐升高，在33～39℃随温度升高逐渐降低，33℃以上高温显著缩短成螨的寿命。

木薯单爪螨可借风力、流水、昆虫、鸟兽和农业机具进行短距离扩散，也可以随插条等木薯种植材料进行远距离传播。因中国木薯主产区的产地环境差异很大，木薯单爪螨发生规律也存在很大差异，在海南全年有2个发生高峰期，即4—6月和9—11月；在广西和广东也有2个发生高峰期，即6—7月和10—11月；在云南有1个发生高峰期，即9—11月；在江西、福建和湖南不存在发生高峰期。

2.2 二斑叶螨

2.2.1 分类

二斑叶螨（*Tetranychus urticae*）属蛛形纲（Arachnida）、蜱螨目（Acarina）、叶螨科（Tetranychidae）、叶螨属（*Tetranychus*）。

2.2.2 形态特征

成螨足4对，体色多变，在不同寄主植物上所表现的体色有所不同，有浓绿色、褐绿色、橙红色、锈红色和橙黄色，一般为橙黄色和褐绿色。雌成螨椭圆形，体长0.45～0.55mm、宽0.30～0.35mm，前端近圆形，腹末较尖，体背两侧各有一个"山"字形褐斑，老熟时体色为橙黄色或洋红色。雄成螨近卵圆形，比雌成螨小，体长0.35～0.40mm、宽0.20～0.25mm。雌雄可分辨，雄螨无后期若螨阶段，比雌螨少蜕皮1次。卵圆球形，直径约0.1mm，有光泽，初产为无色透明，后变为淡黄色；幼螨近半球形，初孵时无色透明，眼红色，足3对，取食后逐渐变为淡黄绿色，体两侧出现深色斑块；若螨体椭圆形，淡橙黄色或深绿色，眼红色，足4对，体背两侧各有一个深绿色或暗红色圆形斑，后

期与成螨相似。

2.2.3 生态分布

二斑叶螨属世界性重大农业害螨，为中国大陆外来入侵物种，目前在海南、广西、广东、福建及云南木薯种植区发现呈严重复合发生为害趋势，但在江西和湖南木薯种植区轻度发生与为害。

2.2.4 寄主植物

二斑叶螨是一种广食性害螨，寄主植物丰富，包括大戟科、锦葵科、蔷薇科、茄科、葫芦科、豆科、禾本科、葡萄科等1 100多种植物。

2.2.5 取食为害

二斑叶螨一般聚集在叶背刺吸汁液为害，受害叶片初期叶面出现失绿斑点，后逐渐连成片，后期为害造成大面积黄化，严重时叶片焦枯脱落，导致整株死亡；嫩叶被害后，常引起皱缩、扭曲而变形。虫口密度大时，叶片被害螨吐露的白色丝网笼罩，新叶顶端聚成"虫球"，其细丝还可在植株间搭接，害螨顺丝爬行扩散。该螨为害一般可导致木薯减产20%～30%，严重为害时可使木薯减产50%～70%，甚至绝收。

2.2.6 发生规律

二斑叶螨多发生于高温干旱季节，适宜温度为20～30℃，适宜湿度75%～85%，逢雨种群数量急剧下降。该螨繁殖速度快，9～20d繁殖1代，发育与生殖力强，且世代重叠严重，种群增殖快。该螨每雌产卵量在20～30℃随温度升高逐渐升高，在30～39℃

随温度升高逐渐降低，30℃以上高温显著缩短成螨的寿命。

二斑叶螨可借风力、流水、昆虫、鸟兽、农业机具及吐露的白色丝网进行短距离扩散，也可以随插条等木薯种植材料进行远距离传播。因中国木薯主产区的产地环境差异很大，二斑叶螨发生规律也存在很大差异，在海南全年有2个发生高峰期，即4—6月和9—11月；在广西和广东也有2个发生高峰期，即6—7月和10—11月；在云南有1个发生高峰期，即9—11月；在福建有1个发生高峰期，即9—10月；在江西和湖南不存在发生高峰期。

2.3 朱砂叶螨

2.3.1 分类

朱砂叶螨（*Tetranychus cinnabarinus*）属蛛形纲（Arachnida）、蜱螨目（Acarina）、叶螨科（Tetranychidae）、叶螨属（*Tetranychus*）。

2.3.2 形态特征

雌螨体椭圆形，长0.41~0.50mm、宽0.26~0.31mm；越夏型体黄绿色，越冬型体橙红色，背毛光滑，刚毛状，6列，共24根，无臀毛，肛毛2对，有生殖皱纹，第1对足跗节有双刚毛2对，爪呈条状，末端生有粘毛。雄螨体长0.24~0.38mm、宽0.12~0.17mm，比雌性小，体末略尖，呈菱形，体呈黄绿色，背毛7列，共26根，阳茎有明显的钩部和须部。卵圆形，透明，直径为0.1~0.12mm，初产乳白色，后浅黄色，孵化前卵壳可见到2个红色眼点。幼螨体半球形，长0.15~0.20mm、宽0.10~0.13mm，体呈浅黄色或黄绿色，足3对，背毛数同雌螨；腹毛5对，基毛、前基间毛和中基间毛各1对，肛毛和肛后毛各2对。若螨体椭圆形，足4对，体长0.20～0.28mm、宽0.13～0.17mm，肛毛及肛后毛各2对，生殖毛1对。

2.3.3 生态分布

朱砂叶螨属世界性重大农业害螨，目前在海南、广西、广东、云南、福建、江西和湖南木薯种植区发现呈严重发生为害趋势。

2.3.4 寄主植物

朱砂叶螨是一种广食性害螨，寄主植物丰富，包括大戟科、锦葵科、蔷薇科、茄科、葫芦科、豆科、禾本科、葡萄科等1 100多种植物。

2.3.5 取食为害

朱砂叶螨一般聚集在中下部叶片的叶背刺吸汁液为害，受害叶片初期叶面出现失绿斑点，后逐渐连成片，后期为害造成大面积黄褐色，严重为害时叶片脱落导致植株死亡。该螨为害一般可导致木薯减产20%～30%，严重为害时可使木薯减产50%～70%，甚至绝收。

2.3.6 发生规律

朱砂叶螨多发生于高温干旱季节，适宜温度为20～32℃，适宜湿度75%～85%，逢雨种群数量急剧下降。该螨繁殖速度快，9～15d繁殖1代，发育与生殖力强，且世代重叠严重，种群增殖快。该螨每雌产卵量在20～32℃随温度升高逐渐升高，在33～39℃随温度升高逐渐降低，33℃以上高温显著缩短成螨的寿命。

朱砂叶螨可随风进行短距离扩散，也可以随插条等木薯种植材料进行远距离传播。因中国木薯主产区的产地环境差异很大，朱砂叶螨发生规律也存在很大差异，在海南全年有2个发生高峰期，即4—6月和9—11月；在广西和广东也有2个发生高峰期，即6—7月和10—11月；在云南有1个发生高峰期，即9—11月；在福建、江西和湖南存在1个发生高峰期，即9—10月。

2.4　木薯绵粉蚧

2.4.1　分类

木薯绵粉蚧（*Phenacoccus manihoti*）属半翅目（Hemiptera）、胸喙亚目（Sternorrhyncha）、蚧总科（Coccoidea）、粉蚧科（Pseudococcidae）、绵粉蚧属（*Phenacoccus*）。

2.4.2　形态特征

木薯绵粉蚧活体粉红色，被有白色蜡粉，体缘有短蜡突。雌成虫椭圆形。触角9节。刺孔群18对，每对有2个大锥刺。足正常发达，有爪齿，后足基节无透明孔。多格腺主要在腹部、腹面、腹脐后各腹节，背面缘区和亚缘区有少量分布；五格腺分布整个腹面，在唇基盾前头部腹面有32~68个。管腺有2种，大管腺在背面、腹面边缘成群；小管腺在腹面中区。三格腺散布。腹脐为盘形。背刺小，刺基部附近无三格腺。

2.4.3　生态分布

木薯绵粉蚧属世界危险性害虫，为中国大陆检疫性害虫。该虫起源于南美，20世纪70年代首先传入西非，继而扩展到中非、东非，给非洲木薯生产造成巨大损失。2008年（或更早）传入泰国，至2010年5月，木薯绵粉蚧的为害面积就达16万hm²。2020年首次在中国海南儋州和广西南宁发现木薯绵粉蚧发生与为害，目前已在海南、广西、广东、云南局部木薯种植区呈严重发生为害趋势，但在福建、江西和湖南木薯种植区尚未发生与为害。

2.4.4　寄主植物

木薯绵粉蚧为寡食性害虫，目前可以确定的寄主植物有木薯、橡胶、柑橘和大豆，木薯是其最适寄主。

2.4.5　取食为害

木薯绵粉蚧以雌成虫和若虫刺吸叶片和嫩枝的汁液为害木薯，可造成叶片发黄、卷曲、脱落，生长点丛生，枝条畸形及嫩枝枯死，最终影响木薯的产量。该虫在非洲、拉丁美洲和东南亚均造成过毁灭性灾害。1999年，该虫在哥伦比亚造成的为害损失达68%~88%；20世纪80—90年代，对巴西主栽区的为害损失超过80%，在非洲造成的为害损失在60%~80%，在东南亚木薯种植国家常年造成的为害损失在50%以上。2009年木薯绵粉蚧在泰国暴发成灾，给泰国木薯产业造成毁灭性损失。2011年，该虫被中国农业部列为高风险性检疫有害生物，一般可导致木薯减产20%~40%，严重为害时可使木薯减产50%~80%，甚至绝收。

2.4.6　发生规律

木薯绵粉蚧多发生于高温干旱季节，适宜温度为20~32℃，适宜湿度75%~85%，逢雨种群数量急剧下降。该虫繁殖速度快，30~60d繁殖1代，1龄若虫十分活泼，且世代重叠严重，种群增殖快。该虫发育历期、雌成虫寿命和每雌产卵量在20~36℃范围内均随温度的升高而逐渐降低。

木薯绵粉蚧可从染虫植株爬行至邻近健康植株，亦可随风、动物或器械等扩散，也可随木薯种植材料如插条和产品的调运等进行远距离传播。因中国木薯主产区的产地环境差异很大，木薯绵粉蚧发生规律也存在很大差异，在海南全年有2个发生高峰期，即4—6月和9—11月；在广西和广东也有2个发生高峰期，即6—7月和10—11月；在云南有1个发生高峰期，即9—11月。

2.5 木瓜秀粉蚧

2.5.1 分类

木瓜秀粉蚧（*Paracoccus marginatus*），又名木瓜粉蚧，属半翅目（Hemiptera）、粉蚧科（Pseudococcidae）、秀粉蚧属（*Paracoccus*）。

2.5.2 形态特征

木瓜秀粉蚧雌成虫体嫩黄色，卵圆形，长约2.2mm、宽约4mm；体表具有白色粉状蜡质物，背部蜡粉厚度不均，不足以掩盖体色，背部无不连续的裸露区，体缘有短蜡丝。卵囊发达，位于腹面后部，触角8节。具有14～17对刺孔群，其中第1、2、4、5、7、9对刺群孔具有2根锥刺；背部蕈状管位于体缘刺群孔附近，尾瓣背部无蕈状管。腹面有腹脐，具有多格腺，通常位于第6～8腹节的前端和后端，腹部第4节和第5节则仅限于后端；三格腺集中分布于刚毛基部。同一大小的领状管伴有刺孔群，明显呈簇状排列于虫体边缘和腹部第3～8节中部及中部外侧区域；第1腹节通常有2～3个盘孔，位于胸部中足和后足附近的刚毛簇内，头部无领状管；腹面蕈状管位于前胸到第1腹节中部外侧，每侧各3~6个；后足基节有大量透明孔，后足胫节无透明孔。雄虫1~2龄黄色，预蛹期和蛹期变为粉色。雄成虫长卵圆形，长约1.0mm，胸部最宽处约0.3mm。翅发育完全，平圆孔伴生于腹部下端的多格腺周围。

2.5.3　生态分布

木瓜秀粉蚧属世界性重大农业害虫，为中国大陆外来入侵物种。该虫起源于墨西哥和中美洲地区，1992年在伯利兹、哥斯达黎加、危地马拉和墨西哥被发现；1993—1994年迅速扩散至加勒比地区成为入侵有害生物，并对当地热带水果尤其是木瓜产业造成巨大影响；1998年在美国佛罗里达州的马纳提和棕榈滩等地的朱槿上被发现，造成当地朱槿叶片畸形、卷曲和脱落等严重为害，随后在关岛和帕劳的入侵进一步扩大了其在太平洋周边夏威夷岛屿的为害。2008年初，木瓜秀粉蚧在斯里兰卡西部地区的科伦坡和加姆珀哈被发现，随后扩散至印度次大陆，并开始在周边亚洲国家及地区相继蔓延暴发成灾。2009年，木瓜秀粉蚧入侵非洲大陆，并沿西非海岸线传播。中国台湾于2010年发现该虫在木瓜上发生与为害，中国大陆于2014年在海南和云南河口木薯、2015年在云南西双版纳佛肚树发现木瓜秀粉蚧发生与为害。目前该虫已在中国海南、广西、广东、云南、福建木薯种植区呈严重发生为害趋势，但在江西和湖南木薯种植区轻度到中度发生与为害。

2.5.4　寄主植物

木瓜秀粉蚧是一种广食性害虫，寄主植物丰富，包括大戟科、锦葵科、蔷薇科、禾本科、棕榈科、茄科、番木瓜科、番荔枝科、豆科、凤梨科、白花菜科等35个科超过55个属热带及亚热带地区的粮食作物、水果、蔬菜和观赏植物。

2.5.5 取食为害

木瓜秀粉蚧主要以若虫和雌成虫刺吸为害植物的茎、叶和果实，造成叶片褪绿黄化，枝条干枯，果实品质下降，严重时整株死亡。该虫一般可导致木薯减产20%～40%，严重为害时可使木薯减产50%～80%，甚至绝收。

2.5.6 发生规律

木瓜秀粉蚧多发生于高温干旱季节，适宜温度为20～32℃，适宜湿度75%～85%，逢雨种群数量急剧下降。该虫繁殖速度快，30～60d繁殖1代，且世代重叠严重，种群增殖快。该虫发育历期、雌成虫寿命和每雌产卵量在20～32℃范围内均随温度的升高而逐渐降低，28～32℃最适宜木瓜秀粉蚧发育与繁殖。

木瓜秀粉蚧可从染虫植株爬行至邻近健康植株，亦可随风、动物或器械等扩散，也可随木薯种植材料如插条和产品的调运等进行远距离传播。因中国木薯主产区的产地环境差异很大，木瓜秀粉蚧发生规律也存在很大差异，在海南全年有2个发生高峰期，即4—6月和9—11月；在广西和广东也有2个发生高峰期，即6—7月和10—11月；在云南有1个发生高峰期，即9—11月；在福建有1个发生高峰期，即9—10月。

2.6 美地绵粉蚧

2.6.1 分类

美地绵粉蚧（*Phenacoccus madeirensis*）属半翅目（Hemiptera）、粉蚧科（Pseudococcidae）、绵粉蚧属（*Phenacoccus*）。

2.6.2　形态特征

雌成虫体常绿色。体长3.0mm、宽1.80mm左右。触角9节。足发达，爪有齿。后足胫节有少量透明孔。腹脐横椭圆形，通常两侧细长延伸。刺孔群18对，除末对有3根锥刺、眼对（C_3）具有3~4根刺外，其他对均具有2根锥刺。多格腺在腹部第4~7节背面成行或带，缘区或亚缘区可向前延伸至第1腹节；有时在胸部缘区有个别多格腺，但胸部中区和亚中区通常无。五格腺仅在腹面。管状腺有3种，大管腺直径大于三格腺，在腹部背面各节及腹部腹面缘区成稀疏行；小管腺在腹部腹面成行或带；中管腺分布在胸部中区。背刚毛短、锥状，许多刺基附近有1个或2个三格腺；在头、胸部背中区和亚中区的一些刚毛成对，基部有少量三格腺，形成背刺孔群。

2.6.3　生态分布

美地绵粉蚧是重要的世界危险性有害生物，为中国大陆外来入侵物种。该虫起源于中南美洲，2002年在亚洲小笠原群岛、九州、四国和琉球群岛发现该虫发生与为害，随后于2004年在巴基斯坦、菲律宾和越南发现该虫，2006年在中国台湾首次记录。2009于海南三亚、2011年于海南儋州首次报道该虫发生与为害。目前该虫已在中国海南、广西、广东、云南、福建木薯种植区呈严重发生为害趋势，但在江西和湖南木薯种植区轻度到中度发生与为害。

2.6.4　寄主植物

美地绵粉蚧是一种广食性害虫，寄主植物丰富，包括大戟科、锦葵科、蔷薇科、禾本科、棕榈科、茄科、番木瓜科、番荔枝科、豆科、凤梨科、白花菜科等52科160多种热带及亚热带地区的粮食作物、水果、蔬菜和观赏植物。

2.6.5 取食为害

美地绵粉蚧主要以若虫和雌成虫刺吸为害植物的茎、叶和果实，造成叶片褪绿黄化，枝条干枯，果实品质下降，严重时整株死亡。该虫一般可导致木薯减产20%～40%，严重为害时可使木薯减产50%～80%，甚至绝收。

2.6.6 发生规律

美地绵粉蚧多发生于高温干旱季节，适宜温度为20～32℃，适宜湿度75%～85%，逢雨种群数量急剧下降。该虫繁殖速度快，30～60d繁殖1代，且世代重叠严重，种群增殖快。该虫发育历期、雌成虫寿命和每雌产卵量在20～32℃范围内均随温度的升高而逐渐降低，28～32℃最适宜美地绵粉蚧发育与繁殖。

美地绵粉蚧可从染虫植株爬行至邻近健康植株，亦可随风、动物或器械等扩散，也可随木薯种植材料如插条和产品的调运等进行远距离传播。因中国木薯主产区的产地环境差异很大，美地绵粉蚧发生规律也存在很大差异，在海南全年有2个发生高峰期，即4—6月和9—11月；在广西和广东也有2个发生高峰期，即6—7月和10—11月；在云南有1个发生高峰期，即9—11月；在福建有1个发生高峰期，即9—10月。

2.7 橡副珠蜡蚧

2.7.1 分类

橡副珠蜡蚧（*Parasaissetia nigra*）属半翅目（Hemiptera）、

蜡蚧科（Coccidae）、蜡蚧属（*Parasaissetia*）。

2.7.2 形态特征

雌成虫体呈长椭圆形，背部隆起，多为暗褐色。背面体壁布满不规则多边形网孔，网孔彼此靠近，网孔中央有小卵形孔。触角7节或8节（第4节和第5节分界不明显）。胸气门开口较宽。气门腺路由五孔腺组成。气门刺3根，中央气门刺远长于其两旁的小气门刺，其长度约为小气门刺长度的3倍或4倍。气门刺的顶端，特别是小气门刺的顶端较尖锐。多孔腺分布在虫体腹面的腹部，尤以阴门附近分布较多。管状腺分布在虫体腹面的亚缘区。虫体背面的小背刺常为直棒状，其顶端钝。背面每侧的亚缘瘤可见有2～5个。肛板的侧角较钝圆，具端毛4根。体缘毛较发达。多数体缘毛的顶端分叉而呈小刷状，也有不分叉而呈矛状顶端的体缘毛。肛筒缨毛3对。

2.7.3 生态分布

橡副珠蜡蚧是重要的世界危险性有害生物，广泛分布于欧洲、亚洲、非洲、北美洲、南美洲和大洋洲的70多个国家和地区。目前该虫已在中国海南、广西、广东、云南、福建木薯种植区呈严重发生为害趋势，但在江西和湖南木薯种植区轻度到中度发生与为害。

2.7.4 寄主植物

橡副珠蜡蚧是一种广食性害虫，寄主植物丰富，包括橡胶树、木薯、番荔枝、柑橘、咖啡、石榴、番石榴、杧果、番木瓜等。

2.7.5 取食为害

橡副珠蜡蚧主要以成虫、若虫刺吸植株的叶片和嫩枝的汁液，导致枝叶发黄、萎缩、落叶，甚至枝条干枯，削弱植株长势，产量减少，严重时导致整株枯死。该虫一般可导致木薯减产5%～20%，严重为害时可使木薯减产30%～50%，甚至绝收。

2.7.6 发生规律

橡副珠蜡蚧多发生于高温干旱季节，适宜温度为20～27℃，适宜湿度75%～85%，高温、高湿、低温环境均不利于橡副珠蜡蚧的生长发育，逢雨种群数量急剧下降。该虫繁殖速度快，30～60d繁殖1代，且世代重叠严重，种群增殖快。超过29℃的持续高温，卵不能正常孵化甚至不能孵出，在32℃时不能完成世代发育，35℃时所有虫态均不能存活，23～27℃最适宜橡副珠蜡蚧发育与繁殖。

橡副珠蜡蚧可从染虫植株爬行至邻近健康植株，亦可随风、动物或器械等扩散，也可随木薯种植材料如插条和产品的调运等进行远距离传播。因中国木薯主产区的产地环境差异很大，橡副珠蜡蚧发生规律也存在很大差异，在海南全年有2个发生高峰期，即4—6月和9—11月；在广西和广东也有2个发生高峰期，即6—7月和10—11月；在云南有1个发生高峰期，即9—11月；在福建有1个发生高峰期，即9—10月。

2.8 烟粉虱

2.8.1 分类

烟粉虱（*Bemisia tabaci*）属昆虫纲（Insecta）、半翅目

（Hemiptera）、粉虱科（Aleyrodidae）、小粉虱属（*Bemisia*）。

2.8.2　形态特征

成虫主要寄生于叶背面，体淡黄白色，翅2对，白色，被蜡粉无斑点，体长0.85～0.91mm，前翅脉1条，不分叉，静止时左右翅合拢呈屋脊状，脊背有一条明显的缝。卵有光泽，呈长梨形，有小柄，与叶面垂直，卵柄通过产卵器插入叶表裂缝中，大多呈不规则散产于叶背面，也见于叶正面。卵初产时为淡黄绿色，孵化前颜色慢慢加深至深褐色。若虫为淡绿色至黄色，1龄若虫有足和触角，能活动；在2～3龄时，足和触角退化至只有一节，固定在植株上取食；3龄若虫蜕皮后形成伪蛹，蜕下的皮硬化成蛹壳。伪蛹蛹壳呈淡黄色，长0.6～0.9mm，边缘薄或自然下垂，无周缘蜡丝，背面有17对粗壮的刚毛或无毛，有2根尾刚毛。在分类上，伪蛹的主要特征为瓶形孔长三角形，舌状突长匙状，顶部三角形，具有1对刚毛，尾沟基部有57个瘤状突起。

2.8.3　生态分布

烟粉虱属世界性重大农业害虫，起源于热带和亚热带地区，20世纪80年代以来，随着世界范围内的贸易往来，烟粉虱借助花卉及其他经济作物的苗木迅速扩散，在世界各地广泛传播并暴发成灾，现在南美洲、欧洲、非洲、亚洲、大洋洲的很多国家均有分布，并已成为美国、印度、巴基斯坦、苏丹和以色列等国家农业生产上的重要害虫。目前该虫在中国海南、广西、广东、云南、福建、江西和湖南木薯种植区呈轻度发生与为害。

2.8.4 寄主植物

烟粉虱是一种广食性害虫，寄主植物已超过500种，主要有大戟科、十字花科、葫芦科、豆科、茄科、锦葵科等作物。

2.8.5 取食为害

烟粉虱对植物造成的为害主要体现在以下3个方面：一是通过刺吸式口器刺吸植株汁液而使被害植株叶片褪绿、变黄、萎蔫甚至全株枯死。二是传播病毒病。烟粉虱能传播100多种病毒病，导致病毒扩展蔓延。三是烟粉虱成虫、若虫分泌的蜜露能诱发煤污病等真菌病害，抑制作物光合作用，降低产量和品质，虫口密度高的田块最终因病毁苗，甚至绝收。该虫一般可导致木薯减产5%～30%，严重为害时可使木薯减产50%～80%，甚至绝收。

2.8.6 发生规律

温度、寄主植物和地理种群在很大程度上影响烟粉虱的生长发育和产卵能力，26～28℃为最佳发育温度，该温度下卵期约5d，若虫期约15d，成虫期寿命可达30～60d，整个世代历期19～27d。在热带和亚热带地区，一年发生的世代数为11～15代，并且世代重叠现象特别明显，卵多产在植株中部嫩叶上。成虫喜欢无风温暖天气，有趋黄性，气温低于12℃停止发育，14.5℃开始产卵，气温21～33℃，随气温升高产卵量增加，高于40℃成虫死亡。相对湿度低于60%成虫停止产卵或死去。暴风雨能抑制其大发生，非灌溉区或浇水次数少的作物受害重。由于该虫在中国木薯种植区轻度发生与为害，所以不存在发生高峰期。

2.9 螺旋粉虱

2.9.1 分类

螺旋粉虱（*Aleurodicus disperses*）属昆虫纲（Insecta）、半翅目（Hemiptera）、粉虱科（Aleyrodidae）、复孔粉虱属（*Aleurodicus*）。

2.9.2 形态特征

成虫腹部两侧具有蜡粉分泌器，初羽化时不分泌蜡粉，成虫浅黄色、近透明，随成虫日龄的增加蜡粉分泌量增多。雄虫腹部末端有1对铗状交尾握器。雌雄个体均具有两种形态，即前翅有翅斑型和前翅无翅斑型。前翅有翅斑的个体明显较前翅无翅斑的大。卵大小约0.29mm×0.11mm，长椭圆形，表面光滑，一端有一柄状物，初产时白色透明，随后逐渐发育变为黄色。若虫共有4龄，各龄初蜕皮时均透明无色、扁平状，但随着发育逐渐变为半透明且背面隆起，体形由细长转为椭圆形。1龄若虫具分节明显的触角与具功能性的足，而其他龄期若虫的触角与足均退化。1～3龄若虫分泌的蜡粉量较少，至第4龄若虫时分泌的蜡粉量大增且其絮毛可长达8mm。

2.9.3 生态分布

螺旋粉虱目前广泛分布在五大洲的许多国家，2006年在海南首次发现并对海南农林作物造成了严重的为害。目前该虫只在中国海南木薯种植区呈加重为害趋势。

2.9.4 寄主植物

螺旋粉虱的寄主植物有90科、295属、481种，在海南可为害

64科、143属、175种植物，包括大戟科、菊科、豆科、兰科等。

2.9.5　取食为害

螺旋粉虱主要以若虫与成虫直接以口针吸食寄主植物叶背汁液，严重发生时可使寄主叶片提前落叶，甚至死亡；螺旋粉虱可分泌大量白色蜡粉植物，不仅影响寄主植物外观，而且其分泌物会随风飘散，引人厌恶；同时其可引起煤污病，影响植物光合作用。在我国台湾，番石榴经螺旋粉虱为害4个月后，其果实产量损失高达73%~80%，在美国佛罗里达州螺旋粉虱可传播椰子死亡类病毒，严重影响作物生长。该虫一般可导致木薯减产5%~30%，严重为害时可使木薯减产30%~40%，甚至绝收。

2.9.6　发生规律

螺旋粉虱生长和发育的最适温度是28℃，而在14℃恒温条件下无法完成世代发育。不同的季节，螺旋粉虱发育历期有所差异，印度地区4—9月幼虫发育历期最短，12月至第二年1月最长，全年发育历期差异非常大，从15~125d均有可能，在该地区，螺旋粉虱一年可以发生11代；海南地区，28℃时发育历期最短，仅27d，而14℃时为58d，一年可以发生8~9代。在海南螺旋粉虱全年有2个发生高峰期，即4—6月和9—11月。

螺旋粉虱的分散方式除借成虫本身迁移外，也可以通过寄主植物迁移，以及动物携带、交通工具、落叶等方式传播。不仅影响粮食作物、经济果树等的产量，且对观赏植物出口检疫造成潜在威胁。

2.10　草地贪夜蛾

2.10.1　分类

草地贪夜蛾（*Spodoptera frugiperda*）属昆虫纲（Insecta）、鳞翅目（Lepidoptera）、夜蛾科（Noctuidae）、灰翅夜蛾属（*Spodoptera*）。

2.10.2　形态特征

雌成虫前翅灰色至灰棕色，雄虫前翅深棕色，具有黑斑和浅色暗纹，翅痣呈明显的灰色尾状突起，后翅灰白色，翅脉棕色并透明。幼虫最明显的特征是其腹部末节有呈正方形排列的4个黑斑，头部有明显的倒"Y"形纹。卵为圆顶状半球形，多聚在叶片表面。初产时为灰色，12h后会变为棕色。幼虫在土壤深处化蛹，形状为椭圆形，红棕色。

2.10.3　生态分布

草地贪夜蛾是联合国粮食及农业组织（FAO）全球预警的迁飞性重大农业害虫，起源于美洲地区，2016年在非洲尼日利亚等暴发并对玉米造成严重为害，2018年入侵印度等亚洲国家，2019年1月入侵我国云南地区，据全国农业技术推广服务中心公布的数据显示，草地贪夜蛾已扩散至我国27个省份，对我国玉米产业造成严重威胁。目前该虫在中国海南、广西、广东、云南木薯种植区呈轻度到中度发生与为害趋势。

2.10.4　寄主植物

草地贪夜蛾是一种广食性害虫，寄主植物丰富，可取食禾本科、菊科、十字花科等76个科350多种植物，最喜欢取食玉米、水稻、小麦、大麦、高粱等。

2.10.5　取食为害

草地贪夜蛾主要以幼虫取食叶片，可造成落叶，其后转移为害。有时大量幼虫可切断种苗和幼小植株的茎；幼虫可钻入孕穗植物的穗中，也可取食番茄等植物的花蕾和生长点，并钻入果实中。种群数量大时，幼虫如行军状，成群扩散。在玉米上，1～3龄幼虫通常在夜间出来为害，多隐藏在叶片背面取食，取食后形成半透明薄膜"窗孔"。4～6龄幼虫对玉米的为害更为严重，取食叶片后形成不规则的长形孔洞，也可将整株玉米的叶片取食光，严重时可造成玉米生长点死亡，影响叶片和果穗的正常发育。该虫一般可导致木薯减产5%～20%，严重为害时可使木薯减产30%～50%，甚至绝收。

2.10.6　发生规律

草地贪夜蛾主要通过成虫迁飞传播，也可通过寄主植物迁移及动物携带、交通工具、落叶等方式传播。草地贪夜蛾的适宜发育温度为11～30℃，在28℃条件下，30d左右即可完成一个世代，而在低温条件下，需要60～90d。在我国木薯种植区可周年繁殖，世代重叠。卵产在叶片正面，老熟幼虫先落到地面上，在深度为2～8cm的浅土层做一个蛹室，用沙粒包裹成蛹茧并在其中化蛹。草地贪夜蛾在海南木薯上的发生高峰期在10月30日至第二年3月28日。此外，由于玉米是草地贪夜蛾的适宜寄主，我国玉米的种植是从西南向东北呈带状分布，四季都有种植，因此草地贪夜蛾对我国木薯主产区存在严重威胁。

2.11　斜纹夜蛾

2.11.1　分类

斜纹夜蛾（*Spodoptera litura*）属昆虫纲（Insecta）、鳞翅目（Lepidoptera）、夜蛾科（Noctuidae）、斜纹夜蛾属（*Spodoptera*）。

2.11.2　形态特征

斜纹夜蛾成虫为体型中等略偏小的暗褐色蛾子，体长14～20mm，翅展35～40mm，前翅斑纹复杂，其斑纹最大特点是在两条波浪状纹中间有3条斜伸的明显白带，故名斜纹夜蛾。幼虫一般6龄，体长33～50mm，头部黑褐色，胸部多变，从土黄色到黑绿色都有，体表散生小白点，各节有近似三角形的半月黑斑一对。老熟幼虫体长近50mm，头黑褐色，体色则多变，一般为暗褐色，也有呈土黄色、褐绿色至黑褐色的，背线呈橙黄色，在亚背线内侧各节有一近半月形或似三角形的黑斑。卵呈扁平的半球状，初产黄白色，后变为暗灰色，块状黏合在一起，上覆黄褐色绒毛。蛹长15～20mm，圆筒形，红褐色，尾部有一对短刺。

2.11.3　生态分布

斜纹夜蛾属世界性重大农业害虫，在我国各地均有分布，主要发生在长江流域的江西、江苏、湖南、湖北、浙江、安徽；黄河流域的河南、河北、山东等地。目前该虫在中国海南、广西、广东、云南、福建、江西和湖南木薯种植区呈轻度发生与为害。

2.11.4　寄主植物

斜纹夜蛾是一种广食性害虫，寄主相当广泛，可为害木薯、甘薯、棉花、田菁、大豆、烟草、甜菜、十字花科和茄科蔬菜、观赏花木等近100科的300多种植物。

2.11.5　取食为害

斜纹夜蛾初孵幼虫集中在叶背为害，残留透明的上表皮，使叶片呈纱窗状，3龄后分散为害，开始逐渐四处爬行或吐丝下坠分散转移为害，取食叶片或幼嫩部位造成许多小孔；4龄以后随虫龄增加食量骤增。虫口密度高时，叶片被吃光，仅留主脉，呈扫帚状。该虫一般可导致木薯减产5%～20%，严重为害时可使木薯减产30%～50%，甚至绝收。

2.11.6　发生规律

斜纹夜蛾是一种喜温性而又耐高温的间歇猖獗为害的害虫，各虫态的发育适宜温度为28～30℃。抗寒能力弱，在冬季0℃左右的长时间低温下，基本上不能生存。一般高温年份和季节有利其发育、繁殖，低温则易引致虫蛹大量死亡。斜纹夜蛾在长江流域各地，为害盛发期在7—9月，也是全年中温度最高的季节。卵的孵化适温是24℃左右，幼虫在气温25℃时，历经14～20d，化蛹的适合土壤湿度是土壤含水量在20%左右，蛹期为11～18d。由于该虫在中国木薯种植区轻度发生与为害，所以不存在发生高峰期。

2.12　棉铃虫

2.12.1　分类

棉铃虫（*Helicoverpa armigera*）属昆虫纲（Insecta）、鳞翅目（Lepidoptera）、夜蛾科（Noctuidae）、铃夜蛾属（*Helicoverpa*）。

2.12.2　形态特征

雌蛾赤褐色，雄蛾灰绿色。前翅翅尖突伸，外缘较直，斑纹模糊不清，中横线由肾形斑下斜至翅后缘，外横线末端达肾形斑正下方，亚缘线锯齿较均匀。后翅灰白色，脉纹褐色明显，沿外缘有黑褐色宽带，宽带中部2个灰白斑不靠外缘。前足胫节外侧有1个端刺。雄性生殖器的阳茎细长，末端内膜上有1个很小的倒刺。卵近半球形，底部较平，高0.51~0.55mm、直径0.44~0.48mm，顶部微隆起。初产时乳白色或淡绿色，逐渐变为黄色，孵化前紫褐色。卵表面可见纵横纹，其中伸达卵孔的纵棱有11~13条，纵棱有2叉和3叉到达底部，通常26~29条。初孵幼虫青灰色，以后体色多变，分4个类型：①体色淡红，背线、亚背线褐色，气门线白色，毛突黑色；②体色黄白，背线、亚背线淡绿，气门线白色，毛突与体色相同；③体色淡绿，背线、亚背线不明显，气门线白色，毛突与体色相同；④体色深绿，背线、亚背线不太明显，气门淡黄色。头部黄色，有褐色网状斑纹。虫体各体节有毛片12个，前胸侧毛组的L1毛和L2毛的连线通过气门，或至少与气门下缘相切。体表密生长而尖的小刺。蛹纺锤形，赤褐色至黑褐色，腹末有一对臀刺，刺的基部分开。气门较大，围孔片呈筒状突起，且明显较高，腹部第5~7节的背面和腹面的前缘有7~8排较稀疏的半圆形刻点。入土5~15cm处化蛹，外被土茧。

2.12.3　生态分布

棉铃虫属世界性重大农业害虫，在我国各地均有分布。中国棉区和蔬菜种植区均有发生，黄河流域棉区、长江流域棉区受害较重。目前该虫在中国海南、广西、广东、云南、福建、江西和湖南木薯种植区呈轻度发生与为害。

2.12.4　寄主植物

棉铃虫寄主植物有20多科200余种。

2.12.5　取食为害

主要蛀食蕾、花、铃，也取食嫩叶，该虫是中国棉区蕾铃期害虫的优势种，近年为害十分猖獗。棉铃虫在黄河流域棉区年发生3~4代，长江流域棉区年发生4~5代，以滞育蛹在土中越冬。第1代幼虫主要在麦田为害，第2代幼虫主要为害棉花顶尖，第3~4代幼虫主要为害棉花的蕾、花、铃，造成受害的蕾、花、铃大量脱落，对棉花产量影响很大。第4~5代幼虫除为害棉花外，有时还会成为玉米、花生、豆类、蔬菜和果树等作物上的主要害虫。

2.12.6　发生规律

棉铃虫属喜温喜湿性害虫，成虫产卵适温在23℃以上，20℃以下很少产卵；幼虫发育以25~28℃和相对湿度75%~90%最为适宜。以蛹越冬，一年发生2~6代，由北往南代数逐渐增加。成虫夜间活动，取食花蜜后交尾、产卵；飞翔力强，一夜甚至能飞行上百千米，并能随高空季风进行远距离迁飞，是一种兼性迁飞性害虫。棉铃虫耐干旱能力强，在干燥气候条件下存活率和繁殖率高，引起棉铃虫暴发成灾；在气候潮湿条件下，高湿度土壤中的蛹大批死亡或不能正常羽化，使棉铃虫种群锐减；同时高湿常使存活下来的幼虫感染病害（如白僵菌病等）而死亡。由于该虫在中国木薯种植区轻度发生与为害，所以不存在发生高峰期。

2.13 铜绿丽金龟

2.13.1 分类

铜绿丽金龟（*Anomala corpulenta*）属昆虫纲（Insecta）、鞘翅目（Coleoptera）、丽金龟科（Rutelidae）、丽金龟属（*Anomala*）。

2.13.2 形态特征

铜绿丽金龟成虫体长19~21mm，触角黄褐色。前胸背板及鞘翅铜绿色具闪光，上面有细密刻点。鞘翅每侧具4条纵脉，肩部具疣突。前足胫节具2外齿，前、中足大爪分叉。卵初产椭圆形，长18~22mm，卵壳光滑，乳白色。孵化前呈圆形。幼虫体长30~33mm，体乳白色，头部黄褐色，前顶刚毛每侧6~8根，排一纵列。肛腹片后部覆毛区正中有2列黄褐色长刺毛，每列15~18根，2列刺毛尖端大部分相遇和交叉。在刺毛列外边有深黄色钩状刚毛。蛹体长约20mm、宽约10mm，椭圆形，土黄色。

2.13.3 生态分布

铜绿丽金龟属世界性重大农业害虫，在我国各地均有分布。目前该虫在中国海南、广西、广东、云南、福建木薯种植区均呈加重发生与为害趋势，但在江西和湖南木薯种植区均轻度发生与为害。

2.13.4 寄主植物

铜绿丽金龟是一种广食性害虫，寄主相当广泛，可为害包括薯类、果蔬、棉花、油料、豆类等各种粮食作物和经济作物。

2.13.5　取食为害

铜绿丽金龟主要以幼虫蛴螬取食种子、根、块茎以及幼苗等，且有转移为害习性，严重时可将根、块茎取食殆尽或仅留土表个别老根，受害植株极易倒伏，造成缺株或死苗。该虫一般可导致木薯减产20%~40%，严重为害时可使木薯减产60%~80%，甚至绝收。

2.13.6　发生规律

铜绿丽金龟一般1年1代，世代重叠。在海南和广西，成虫在6—8月雨后羽化出土，日夜活动，具有趋光性、趋腐性和假死性，田间28~32℃高温潮湿条件下易暴发成灾。交配产卵一般在夜间进行。成虫出土后当天晚上或次晚交尾，交尾后的第二日晚间产卵，卵散产于1~3cm深的土中。幼虫在土中20~30cm深处活动，耐饥性强，在无食料的条件下仍能蛰伏存活，到食料充足时再发生为害。一般坡地沙质土木薯地受害较重。高温干旱有利于地下害虫繁殖为害。因中国木薯主产区的产地环境差异很大，铜绿丽金龟发生规律也存在很大差异，在海南6—7月，广西、广东、云南、福建6—8月存在1个高峰期。

2.14　蔗根锯天牛

2.14.1　分类

蔗根锯天牛（*Dorysthenes granulosus*）属昆虫纲（Insecta）、鞘翅目（Coleoptera）、天牛科（Cerambycidae）、土天牛属（*Dorysthenes*）。

2.14.2　形态特征

　　蔗根锯天牛体长15.0～65.0mm，个体大小差异悬殊。体棕红色，前胸背板色泽较深，头部、上颚及触角基部3节黑褐色至黑色，有时前足腿节、胫节黑褐色。雄虫触角粗大、扁宽，长达鞘翅末端，第3～7节下沿有齿状颗粒；雌虫触角细小，长达鞘翅中部。前胸背板宽阔，两侧缘各具3个尖锐齿突，中齿向后稍弯下，后齿较小，胸面密布细刻点。小盾片两侧有刻点分布。鞘翅宽于前胸，两侧近于平行，端部渐窄，外端角圆形，缝角垂直；翅面有微弱的皱纹刻点，每翅突出2～3条纵脊线，靠中缝两条近端处连接。前胸腹板凸片不向上拱突；后胸腹板仅沿中央有一个菱形的无毛区，其余部分密生浓密的黄色软毛。雄虫前足胫节腹面着生数列齿状突，腹部末节端缘微凹，着生淡色毛。

2.14.3　生态分布

　　蔗根锯天牛属世界性重大农业害虫，在我国广泛分布于广东、广西、福建、海南、云南等甘蔗、木薯等种植区。目前该虫在中国海南、广西、广东、云南、福建木薯种植区均呈加重发生与为害趋势，但在江西和湖南木薯种植区均未见发生与为害。

2.14.4　寄主植物

　　蔗根锯天牛寄主包括薯类、甘蔗、油棕、椰子、竹类、竹芋、白茅等多种农林植物。

2.14.5　取食为害

　　蔗根锯天牛主要以幼虫取食木薯根茎部及主根，导致全株死亡。该虫在植株内呈片状蛀害，也有呈零星分布状蛀食个别植株。一般可导致木薯减产20%～40%，严重为害时可使木薯减产

60%~80%，甚至绝收。

2.14.6 发生规律

蔗根锯天牛主要以成虫飞行传播，传播能力较强，一般于4—6月羽化。羽化后的成虫在晚上进行交配产卵，把卵产在树蔸附近土表的1~3cm深处。幼虫在6月上旬孵化，孵化后立即钻入地下咬食作物嫩根。随着幼虫的长大逐渐往主根、树蔸根茎部位移动蛀害，最后把主根、树蔸内木质部组织蛀空，定居于此，等待化蛹。由于幼虫在地下根部取食，因而在地表看不见碎木屑、幼虫排泄物和虫蛀孔，只有等到幼虫老熟后的秋、冬季节，受害作物的枝干比健康株小，枝叶稀疏枯黄，植株衰弱，濒临死亡，并且用手轻推，从树蔸或根茎处折断，才会发现其树已受害。因中国木薯主产区的产地环境差异很大，蔗根锯天牛发生规律也存在很大差异，一般坡地沙质土木薯地受害较重，高温干旱有利于地下害虫繁殖为害。在海南6—7月，广西、广东、云南、福建6—8月存在1个高峰期。

3 木薯种质资源抗虫性鉴定技术规程及应用

3.1 木薯种质资源抗螨性鉴定技术规程及应用

3.1.1 室内人工接种鉴定

3.1.1.1 接种体准备

从田间采集二斑叶螨、朱砂叶螨和木薯单爪螨的成螨，经形态学鉴定确认后，用离体新鲜木薯品种SC205叶片（顶芽下第10～16片叶）人工繁殖。人工繁殖条件为温度25～28℃、湿度75%～80%及每天连续光照时间≥14h。整个繁殖过程中不使用杀虫剂。

3.1.1.2 室内抗螨鉴定

鉴定时设SC205为感螨对照品种，C1115为抗螨对照品种。将人工繁殖的接种体雌雄成螨配对后繁殖的幼螨，分别接到养虫盒（长40cm×宽30cm×高5cm）中的新鲜离体木薯叶背（顶芽下第10～16片叶），每个养虫盒10片叶，每片叶接10对，每份种质资源50片叶，在温度25～28℃、湿度75%～80%及每天连续光照时间≥14h条件下繁殖，记录并统计害螨第8天的存活率。种质资源抗螨性鉴定评级标准见表3-1。

表3-1 室内抗螨鉴定评级标准

抗性级别	F_0代幼螨第8天的存活率（%）
免疫（IM）	0
高抗（HR）	0.1～10.0

（续表）

抗性级别	F_0代幼螨第8天的存活率（%）
抗（R）	10.1 ~ 30.0
中抗（MR）	30.1 ~ 50.0
感（S）	50.1 ~ 75.0
高感（HS）	>75.0

3.1.2　田间鉴定

3.1.2.1　鉴定圃

应具备良好的二斑叶螨、朱砂叶螨、木薯单爪螨自然发生条件，面积0.2hm²以上。

3.1.2.2　木薯种植

种植时按照NY/T 356—1999《木薯　种茎》规定的要求选择种茎，并按照NY/T 1681—2009《木薯生产良好操作规范》规定的生产要求，鉴定时设SC205为感螨对照品种，C1115为抗螨对照品种。按随机区组设计将鉴定材料和对照材料种植于鉴定圃内，每份种质资源重复3次，每重复种10株（株行距为80cm×100cm）。

3.1.2.3　保护行

以相同株行距在待鉴定种质资源四周种植SC205品种作为保护行。

3.1.2.4　鉴定圃管理

全生育期内鉴定圃不使用杀虫剂，杀菌剂的使用根据鉴定圃内病害发生种类和程度而定。

3.1.2.5　田间调查

每年螨害高峰期，调查二斑叶螨、朱砂叶螨、木薯单爪螨为害情况1～2次，从植株上、中、下3个部位中各选4片受害最重的叶片为代表，每株12片叶，每份种质资源调查30～50株，连续调查3年，记录螨害叶片数与调查总叶片数。

3.1.2.6 级别划分

根据木薯叶片螨害程度将二斑叶螨、朱砂叶螨、木薯单爪螨为害分为0、1、2、3、4共5级，其标准如下。

0级：叶片未受螨害，植株生长正常；

1级：叶片表面出现黄白色小斑点，受害轻微，螨害面积占叶片面积的25%以下；

2级：叶片表面出现黄褐（红）斑，红斑面积占叶片面积的26%～50%；

3级：叶片表面黄褐斑较多且成片，红斑面积占叶片面积的51%～75%，叶片局部卷缩；

4级：叶片受害严重，黄褐（红）斑面积占叶片面积的76%以上，严重时叶片焦枯、脱落。

螨害指数（%）= $\sum (S \times Ns) \times 100 / (N \times 4)$。式中，$S$为叶片受害级别；$Ns$为该受害级别叶片数；$N$为调查总叶片数。

抗性评级：根据鉴定材料的螨害指数，将木薯的抗螨性分为免疫、高抗、抗、中抗、感和高感共6级（表3-2）。

鉴定结果：80个木薯品种对二斑叶螨抗性的室内鉴定结果及田间鉴定结果见表3-3、表3-4。

表3-2 田间抗螨鉴定评级标准

抗性级别	免疫（IM）	高抗（HR）	抗（R）	中抗（MR）	感（S）	高感（HS）
螨害指数（%）	0	0.1～12.5	12.6～37.5	37.6～62.5	62.6～87.5	≥87.6

表3-3　80个木薯品种对二斑叶螨抗性的室内鉴定结果

序号	品种	F_0代第8天存活率（%）	抗螨性级别	序号	品种	F_0代第8天存活率（%）	抗螨性级别	序号	品种	F_0代第8天存活率（%）	抗螨性级别	序号	品种	F_0代第8天存活率（%）	抗螨性级别
1	C1115	12.50	R	11	南植199	38.20	MR	21	SC201	42.20	MR	31	哥伦比亚8H	48.60	MR
2	热科70号	14.40	R	12	GR891	38.20	MR	22	琼中1号	42.20	MR	32	哥伦比亚17Q	48.80	MR
3	SC5	23.20	R	13	GR4	38.60	MR	23	广东1号	42.30	MR	33	瑞士D32	49.20	MR
4	SC9	26.60	R	14	SC6068	38.60	MR	24	Rongyang 72	42.30	MR	34	瑞士J17	49.20	MR
5	SC15	28.30	R	15	GR5	40.20	MR	25	瑞士F21	42.40	MR	35	SC124	49.20	MR
6	云热薯1号	28.90	R	16	SC10	40.30	MR	26	哥伦比亚16P	45.40	MR	36	GR10	49.70	MR
7	哥伦比亚4D	29.20	R	17	GR8	40.30	MR	27	哥伦比亚17Q	45.40	MR	37	海南红心	62.50	S
8	SC8	35.70	MR	18	GR3	40.30	MR	28	哥伦比亚3C	45.60	MR	38	花叶大茶	62.50	S
9	SC12	35.70	MR	19	东莞红尾	40.40	MR	29	哥伦比亚3G	45.60	MR	39	兴隆一号	62.50	S
10	SC8002	35.90	MR	20	糯米木薯	40.40	MR	30	哥伦比亚7G	45.60	MR	40	慧丰60	62.50	S

（续表）

序号	品种	F0代第8天存活率（%）	抗螨性级别
41	白沙4号	64.20	S
42	广西木茨	64.20	S
43	云南垦芽	64.60	S
44	南植188	65.30	S
45	会仙白皮	65.30	S
46	植杰	65.60	S
47	福建华安	65.80	S
48	老挝班拉绍	65.80	S
49	老挝食科	66.20	S
50	Rongyang1	66.30	S
51	瑞士D12	67.20	S
52	瑞士G20	67.20	S
53	瑞士N113	68.20	S
54	瑞士H19	68.20	S
55	瑞士V5	68.30	S
56	瑞士L15	68.30	S
57	瑞士37	68.40	S
58	瑞士B25	68.40	S
59	瑞士C24	68.40	S
60	瑞士D23	68.40	S
61	瑞士G17	68.60	S
62	瑞士P11	68.60	S
63	瑞士R9	68.60	S
64	瑞士R16	68.60	S
65	瑞士S8	68.80	S
66	瑞士U6	68.80	S
67	瑞士X3	68.80	S
68	Rongyang5	68.80	S
69	瑞士Z18	70.20	S
70	哥伦比亚18	70.20	S
71	哥伦比亚6F	70.40	S
72	哥伦比亚12L	70.60	S
73	哥伦比亚10J	70.80	S
74	沙田面包	70.80	S
75	BRA12	72.90	S
76	SC205	93.60	HS
77	TMS60444	94.30	HS
78	KU50	94.90	HS
79	面包	95.40	HS
80	BRA900	95.70	HS

注：R为抗，MR为中抗，S为感，HS为高感，下同。

表3-4　80个木薯品种对二斑叶螨抗性的田间鉴定结果

序号	品种	螨害指数(%)	抗螨性级别	序号	品种	螨害指数(%)	抗螨性级别	序号	品种	螨害指数(%)	抗螨性级别	序号	品种	螨害指数(%)	抗螨性级别
1	C1115	28.85	R	11	南植199	41.83.	MR	21	SC201	50.67	MR	31	哥伦比亚8H	55.67	MR
2	热科70号	29.33	R	12	GR891	41.85	MR	22	琼中1号	51.67	MR	32	哥伦比亚17Q	55.87	MR
3	SC5	29.85	R	13	GR4	41.85	MR	23	广东1号	51.33	MR	33	瑞士D32	56.87	MR
4	SC9	30.19	R	14	SC6068	42.89	MR	24	Rongyang72	52.87	MR	34	瑞士J17	60.33	MR
5	SC15	30.33	R	15	GR5	43.13	MR	25	瑞士F21	52.87	MR	35	SC124	65.47	S
6	云热薯1号	32.33	R	16	SC10	44.33	MR	26	哥伦比亚16P	53.33	MR	36	GR10	65.47	S
7	哥伦比亚4D	32.67	R	17	GR8	45.33	MR	27	哥伦比亚17Q	54.87	MR	37	海南红心	66.17	S
8	SC8	41.17	MR	18	GR3	45.33	MR	28	哥伦比亚3C	54.87	MR	38	花叶大茶	66.87	S
9	SC12	41.83	MR	19	东莞红尾	48.33	MR	29	哥伦比亚3G	55.33	MR	39	兴隆一号	68.33	S
10	SC8002	41.83	MR	20	糯米木薯	50.67	MR	30	哥伦比亚7G	55.67	MR	40	慧丰60	68.87	S

（续表）

序号	品种	螨害指数(%)	抗螨性级别	序号	品种	螨害指数(%)	抗螨性级别	序号	品种	螨害指数(%)	抗螨性级别	序号	品种	螨害指数(%)	抗螨性级别
41	白沙4号	69.33	S	51	瑞士D12	72.67	S	61	瑞士G17	75.97	S	71	哥伦比亚6F	81.89	S
42	广西木茨	69.47	S	52	瑞士G20	72.87	S	62	瑞士P11	76.13	S	72	哥伦比亚12L	82.13	S
43	云南鬼芽	69.87	S	53	瑞士N113	73.67	S	63	瑞士R9	76.33	S	73	哥伦比亚10J	82.47	S
44	南植188	70.33	S	54	瑞士H19	73.67	S	64	瑞士R16	76.89	S	74	沙田面包	82.87	S
45	会仙白皮	70.67	S	55	瑞士V5	73.67	S	65	瑞士S8	78.13	S	75	BRA12	85.17	S
46	植杰	70.87	S	56	瑞士L15	73.67	S	66	瑞士U6	78.17	S	76	SC205	90.33	HS
47	福建华安	71.17	S	57	瑞士37	73.67	S	67	瑞士X3	78.67	S	77	TMS60444	91.17	HS
48	老挝班拉绍	71.87	S	58	瑞士B25	74.17	S	68	Rongyang5	78.89	S	78	KU50	92.13	HS
49	老挝食科	72.33	S	59	瑞士C24	74.67	S	69	瑞士Z18	80.17	S	79	面包	92.67	HS
50	Rongyang1	72.33	S	60	瑞士D23	75.87	S	70	哥伦比亚18	80.87	S	80	BRA900	92.67	HS

3.2 木薯种质资源抗粉蚧鉴定技术规程及应用

3.2.1 室内人工接种鉴定

3.2.1.1 接种体准备

从田间采集木薯绵粉蚧、木瓜秀粉蚧和美地绵粉蚧的成虫，经形态学鉴定确认后，用离体新鲜木薯品种SC205叶片（顶芽下第10~16片叶）人工繁殖。人工繁殖条件为温度25~28℃、湿度75%~80%及每天连续光照时间≥14h。整个繁殖过程中不使用杀虫剂。

3.2.1.2 室内抗粉蚧鉴定

鉴定时设SC205为感虫对照品种，C1115为抗虫对照品种。将人工繁殖的接种体雌雄成虫配对后，分别接到养虫盒（长40cm×宽30cm×高5cm）中的新鲜离体木薯叶背（顶芽下第10~16片叶），每个养虫盒10片叶，每片叶接10对，每份种质资源50片叶，在温度25~28℃、湿度75%~80%及每天连续光照时间≥14h条件下繁殖，记录并统计粉蚧若虫第8天的存活率。种质资源抗粉蚧鉴定评级标准见表3-5。

表3-5 室内抗粉蚧鉴定评级标准

抗性级别	F_0代粉蚧若虫第8天的存活率（%）
免疫（IM）	0
高抗（HR）	0.1~10.0
抗（R）	10.1~30.0
中抗（MR）	30.1~50.0
感（S）	50.1~75.0
高感（HS）	>75.0

3.2.2　田间鉴定

3.2.2.1　鉴定圃

应具备良好的木薯绵粉蚧、木瓜秀粉蚧和美地绵粉蚧自然发生条件，面积0.2hm²以上。

3.2.2.2　木薯种植

种植时按照NY/T 356—1999《木薯　种茎》规定的要求选择种茎，并按照NY/T 1681—2009《木薯生产良好操作规范》规定的生产要求，鉴定时设SC205为感虫对照品种，C1115为抗虫对照品种。按随机区组设计将鉴定材料和对照材料种植于鉴定圃内，每份种质资源重复3次，每重复种10株（株行距为80cm×100cm）。

3.2.2.3　保护行

以相同株行距在待鉴定种质资源四周种植SC205品种作为保护行。

3.2.2.4　鉴定圃管理

全生育期内鉴定圃不使用杀虫剂，杀菌剂的使用根据鉴定圃内病害发生种类和程度而定。

3.2.2.5　田间调查

每年粉蚧发生高峰期，调查木薯绵粉蚧、木瓜秀粉蚧和美地绵粉蚧为害情况1~2次，从植株上、中、下3个部位中各选4片受害最重的叶片为代表，每株12片叶，每份种质资源调查30~50株，连续调查3年，记录虫害叶片数与调查总叶片数。

3.2.2.6　级别划分

根据木薯叶片虫害程度将木薯绵粉蚧、木瓜秀粉蚧和美地绵粉蚧为害分为0、1、2、3、4共5级，其标准如下。

0级：叶片未受虫害，植株生长正常；

1级：单叶片粉蚧数30头以下，虫害面积占叶片面积的30%以下；

2级：单叶片粉蚧数31～50头，虫害面积占叶片面积的30%～50%；

3级：单叶片粉蚧数51～75头，虫害面积占叶片面积的51%～75%，叶片局部卷缩；

4级：单叶片粉蚧数76头以上，叶片受害严重，虫害面积占叶片面积的76%以上，卷缩、焦枯、脱落。

虫害指数（%）=Σ（$S \times Ns$）×100/（$N \times 4$）。式中，S为叶片受害级别；Ns为该受害级别叶片数；N为调查总叶片数。

抗性评级：根据鉴定材料的虫害指数，将木薯的抗虫性分为免疫、高抗、抗、中抗、感和高感共6级（表3-6）。

鉴定结果：80个木薯品种对木瓜秀粉蚧抗性的室内鉴定结果及田间鉴定结果见表3-7、表3-8。

表3-6　田间抗粉蚧鉴定评级标准

抗性级别	免疫（IM）	高抗（HR）	抗（R）	中抗（MR）	感（S）	高感（HS）
虫害指数（%）	0	0.1～12.5	12.6～37.5	37.6～62.5	62.6～87.5	≥87.6

表3-7 80个木薯品种对木瓜秀粉蚧抗性的室内鉴定结果

序号	品种	F0代第8天幼虫存活率(%)	抗虫性级别	序号	品种	F0代第8天幼虫存活率(%)	抗虫性级别	序号	品种	F0代第8天幼虫存活率(%)	抗虫性级别	序号	品种	F0代第8天幼虫存活率(%)	抗虫性级别
1	C1115	14.33	R	11	南植199	38.33	MR	21	SC201	41.13	MR	31	哥伦比亚8H	48.67	MR
2	热科70号	18.37	R	12	GR891	38.67	MR	22	琼中1号	43.33	MR	32	哥伦比亚17Q	48.87	MR
3	SC5	25.27	R	13	GR4	38.87	MR	23	广东1号	43.33	MR	33	瑞士D32	50.13	MR
4	SC9	30.67	R	14	SC6068	38.87	MR	24	Rongyang72	44.37	MR	34	瑞士J17	50.13	MR
5	SC15	32.33	R	15	GR5	39.33	MR	25	瑞士F21	44.47	MR	35	SC124	53.13	MR
6	云热薯1号	36.97	MR	16	SC10	39.33	MR	26	哥伦比亚16P	46.57	MR	36	GR10	54.13	MR
7	哥伦比亚4D	36.23	MR	17	GR8	39.33	MR	27	哥伦比亚17Q	46.87	MR	37	海南红心	55.13	S
8	SC8	36.77	MR	18	GR3	40.33	MR	28	哥伦比亚3C	46.87	MR	38	花叶大茶	55.13	S
9	SC12	37.77	MR	19	东莞红尾	40.47	MR	29	哥伦比亚3G	46.87	MR	39	兴隆一号	60.33	S
10	SC8002	37.97	MR	20	糯米木薯	40.47	MR	30	哥伦比亚7G	46.87	MR	40	慧丰60	60.33	S

（续表）

序号	品种	F_0代第8天幼虫存活率(%)	抗虫性级别	序号	品种	F_0代第8天幼虫存活率(%)	抗虫性级别	序号	品种	F_0代第8天幼虫存活率(%)	抗虫性级别	序号	品种	F_0代第8天幼虫存活率(%)	抗虫性级别
41	白沙4号	65.47	S	51	瑞士D12	68.87	S	61	瑞士G17	69.47	S	71	哥伦比亚6F	72.47	S
42	广西木茨	65.47	S	52	瑞士G20	67.20	S	62	瑞士P11	69.47	S	72	哥伦比亚12L	73.47	S
43	云南鬼芽	65.47	S	53	瑞士N113	69.17	S	63	瑞士R9	69.47	S	73	哥伦比亚10J	74.17	S
44	南植188	65.47	S	54	瑞士H19	69.17	S	64	瑞士R16	69.47	S	74	沙田面包	74.47	S
45	会仙白皮	68.33	S	55	瑞士V5	69.17	S	65	瑞士S8	69.47	S	75	BRA12	74.47	S
46	植杰	68.33	S	56	瑞士L15	69.17	S	66	瑞士U6	69.47	S	76	SC205	88.67	HS
47	福建华安	68.33	S	57	瑞士37	69.17	S	67	瑞士X3	69.47	S	77	TMS60444	90.33	HS
48	老挝班拉绍	68.33	S	58	瑞士B25	69.17	S	68	Rongyang5	70.87	S	78	KU50	92.97	HS
49	老挝食科	68.33	S	59	瑞士C24	69.47	S	69	瑞士Z18	72.13	S	79	面包	93.47	HS
50	Rongyang1	68.87	S	60	瑞士D23	69.47	S	70	哥伦比亚18	72.24	S	80	BRA900	93.77	HS

表3-8 80个木薯品种对木瓜秀粉蚧抗性的田间鉴定结果

序号	品种	虫害指数(%)	抗虫性级别	序号	品种	虫害指数(%)	抗虫性级别	序号	品种	虫害指数(%)	抗虫性级别	序号	品种	虫害指数(%)	抗虫性级别
1	C1115	30.13	R	11	南植199	43.33.	MR	21	SC201	47.47	MR	31	哥伦比亚8H	52.87	MR
2	热科70号	32.33	R	12	GR891	43.33.	MR	22	琼中1号	47.67	MR	32	哥伦比亚17Q	52.87	MR
3	SC5	32.87	R	13	GR4	43.33.	MR	23	广东1号	47.67	MR	33	瑞士D32	54.13	MR
4	SC9	34.47	R	14	SC6068	43.33.	MR	24	Rongyang72	47.67	MR	34	瑞士J17	54.13	MR
5	SC15	35.33	R	15	GR5	43.33.	MR	25	瑞士F21	47.67	MR	35	SC124	54.13	MR
6	云热薯1号	42.33	MR	16	SC10	43.33.	MR	26	哥伦比亚16P	50.77	MR	36	GR10	54.13	MR
7	哥伦比亚4D	42.67	MR	17	GR8	43.33.	MR	27	哥伦比亚17Q	52.87	MR	37	海南红心	55.33	S
8	SC8	42.87	MR	18	GR3	43.33.	MR	28	哥伦比亚3C	52.87	MR	38	花叶大茶	55.33	S
9	SC12	42.87	MR	19	东莞红尾	45.67	MR	29	哥伦比亚3G	52.87	MR	39	兴隆一号	58.33	S
10	SC8002	42.97	MR	20	糯米木薯	45.67	MR	30	哥伦比亚7G	52.87	MR	40	慧丰60	58.33	S

（续表）

序号	品种	虫害指数(%)	抗虫性级别	序号	品种	虫害指数(%)	抗虫性级别	序号	品种	虫害指数(%)	抗虫性级别	序号	品种	虫害指数(%)	抗虫性级别
41	白沙4号	60.47	S	51	瑞士D12	65.87	S	61	瑞士G17	71.87	S	71	哥伦比亚6F	74.47	S
42	广西木茨	60.77	S	52	瑞士G20	66.87	S	62	瑞士P11	72.33	S	72	哥伦比亚12L	74.57	S
43	云南鬼芽	60.87	S	53	瑞士N113	67.47	S	63	瑞士R9	72.47	S	73	哥伦比亚10J	74.67	S
44	南植188	60.87	S	54	瑞士H19	68.47	S	64	瑞士R16	72.87	S	74	沙田面包	74.74	S
45	会仙白皮	61.33	S	55	瑞士V5	70.17	S	65	瑞士S8	72.87	S	75	BRA12	74.87	S
46	植杰	61.33	S	56	瑞士L15	70.47	S	66	瑞士U6	73.87	S	76	SC205	90.33	HS
47	福建华安	62.33	S	57	瑞士37	71.33	S	67	瑞士X3	73.97	S	77	TMS60444	92.67	HS
48	老扣班拉绍	63.87	S	58	瑞士B25	71.47	S	68	Rongyang5	74.13	S	78	KU50	94.33	HS
49	老扣食科	64.33	S	59	瑞士C24	71.67	S	69	瑞士Z18	74.33	S	79	面包	95.47	HS
50	Rongyang1	64.87	S	60	瑞士D23	71.67	S	70	哥伦比亚18	74.44	S	80	BRA900	95.87	HS

3.3 木薯种质资源抗粉虱鉴定技术规程及应用

3.3.1 室内人工接种鉴定

3.3.1.1 接种体准备

从田间采集烟粉虱、螺旋粉虱的成虫，经形态学鉴定确认后，用离体新鲜木薯品种SC205叶片（顶芽下第10～16片叶）人工繁殖。人工繁殖条件为温度25～28℃、湿度75%～80%及每天连续光照时间≥14h。整个繁殖过程中不使用杀虫剂。

3.3.1.2 室内抗粉虱鉴定

鉴定时设SC205为感虫对照品种，C1115为抗虫对照品种。将人工繁殖的接种体雌雄成虫配对后，分别接到养虫盒（长40cm×宽30cm×高5cm）中的新鲜离体木薯叶背（顶芽下第10～16片叶），每个养虫盒10片叶，每片叶接10对，每份种质资源50片叶，在温度25～28℃、湿度75%～80%及每天连续光照时间≥14h条件下繁殖，记录并统计接虫第8天的存活率。种质资源抗粉虱鉴定评级标准见表3-9。

表3-9　室内抗粉虱鉴定评级标准

抗性级别	F_0代粉虱若虫第8天的存活率（%）
免疫（IM）	0
高抗（HR）	0.1～10.0
抗（R）	10.1～30.0
中抗（MR）	30.1～50.0
感（S）	50.1～75.0
高感（HS）	>75.0

3.3.2 田间鉴定

3.3.2.1 鉴定圃

应具备良好的烟粉虱、螺旋粉虱自然发生条件，面积0.2hm^{2}以上。

3.3.2.2 木薯种植

种植时按照NY/T 356—1999《木薯 种茎》规定的要求选择种茎，并按照NY/T 1681—2009《木薯生产良好操作规范》规定的生产要求，鉴定时设SC205为感虫对照品种，C1115为抗虫对照品种。按随机区组设计将鉴定材料和对照材料种植于鉴定圃内，每份种质资源重复3次，每重复种10株（株行距为80cm×100cm）。

3.3.2.3 保护行

以相同株行距在待鉴定种质资源四周种植SC205品种作为保护行。

3.3.2.4 鉴定圃管理

全生育期内鉴定圃不使用杀虫剂，杀菌剂的使用根据鉴定圃内病害发生种类和程度而定。

3.3.2.5 田间调查

每年粉虱发生高峰期，调查烟粉虱、螺旋粉虱为害情况1~2次，从植株上、中、下3个部位中各选4片受害最重的叶片为代表，每株12片叶，每份种质资源调查30~50株，连续调查3年，记录虫害叶片数与调查总叶片数。

3.3.2.6　级别划分

根据木薯叶片虫害程度将烟粉虱、螺旋粉虱为害分为0、1、2、3、4共5级，其标准如下。

0级：叶片未受虫害，植株生长正常；

1级：叶片表面出现褪绿，受害轻微，虫害面积占叶片面积的25%以下；

2级：叶片表面出现褪绿黄化斑，虫害面积占叶片面积的26%～50%；

3级：叶片表面褪绿黄化斑成片，虫害面积占叶片面积的51%～75%，叶片局部卷缩；

4级：叶片表面褪绿黄化严重，虫害面积占叶片面积的76%以上，叶片严重卷缩、黄化、脱落。

虫害指数（%）＝Σ（$S \times Ns$）$\times 100/$（$N \times 4$）。式中，S为叶片受害级别；Ns为该受害级别叶片数；N为调查总叶片数。

抗性评级：根据鉴定材料的虫害指数，将木薯的抗虫性分为免疫、高抗、抗、中抗、感和高感共6级（表3-10）。

鉴定结果：20个木薯品种对烟粉虱的抗虫性室内鉴定结果及田间鉴定结果见表3-11、表3-12。

表3-10　田间抗粉虱鉴定评级标准

抗性级别	免疫 （IM）	高抗 （HR）	抗（R）	中抗 （MR）	感（S）	高感 （HS）
虫害指数 （%）	0	0.1～12.5	12.6～37.5	37.6～62.5	62.6～87.5	≥87.6

表3-11　20个木薯品种对烟粉虱的抗虫性室内鉴定结果

序号	品种	叶型	F_0代第8天幼虫存活率（%）	抗虫性级别
1	C1115	细叶	12.63	R
2	热科70号	宽叶	18.33	R
3	SC9	宽叶	20.17	R
4	SC15	宽叶	25.47	R
5	SC5	细叶	28.33	R
6	SC10	宽叶	40.14	MR
7	LIMIN	宽叶	40.54	MR
8	SC124	宽叶	40.87	MR
9	SC8002	宽叶	45.87	MR
10	SC8	宽叶	46.77	MR
11	SC12	宽叶	48.33	MR
12	GR891	宽叶	48.87	MR
13	NZ199	宽叶	48.87	MR
14	SC6068	宽叶	65.33	S
15	GR10	宽叶	68.44	S
16	TMS60444	宽叶	72.87	S
17	SC205	细叶	74.87	S
18	KU50	宽叶	93.33	HS
19	BREAD	宽叶	96.47	HS
20	BRA900	宽叶	96.87	HS

表3-12　20个木薯品种对烟粉虱的抗虫性田间鉴定结果

序号	品种	叶型	虫害指数（%）				抗虫性级别
			2019年	2020年	2021年	平均	
1	C1115	细叶	15.66	16.87	18.43	16.99	R
2	热科70号	细叶	20.22	22.17	23.17	21.85	R
3	SC9	宽叶	23.67	25.67	25.44	24.93	R
4	SC15	宽叶	30.33	33.24	32.67	32.08	R
5	SC5	宽叶	34.54	35.13	35.45	35.04	R
6	SC10	宽叶	42.33	43.77	42.87	42.99	MR
7	LIMIN	宽叶	43.33	43.87	44.67	43.96	MR
8	SC124	宽叶	45.45	46.89	47.54	46.63	MR
9	SC8002	宽叶	47.63	48.13	48.67	48.14	MR
10	SC8	宽叶	47.87	48.47	48.67	48.34	MR
11	SC12	宽叶	48.87	48.67	49.13	48.89	MR
12	GR891	宽叶	48.87	49.13	49.33	49.11	MR
13	NZ199	宽叶	48.98	49.13	49.67	49.26	MR
14	SC6068	宽叶	65.65	67.33	66.33	66.44	S
15	GR10	宽叶	68.33	70.17	70.87	69.79	S
16	TMS60444	宽叶	70.64	71.17	72.47	71.43	S
17	SC205	细叶	72.17	73.88	74.24	73.43	S
18	KU50	宽叶	92.88	93.33	93.67	93.29	HS
19	BREAD	宽叶	95.86	96.13	97.67	96.55	HS
20	BRA900	宽叶	96.33	98.47	97.87	97.56	HS

3.4　木薯种质资源抗夜蛾鉴定技术规程及应用

3.4.1　室内人工接种鉴定

3.4.1.1　接种体准备

　　从田间采集草地贪夜蛾、斜纹夜蛾和棉铃虫的成虫，经形态学鉴定确认后，用离体新鲜木薯品种SC205叶片（顶芽下第10~16片叶）人工繁殖。人工繁殖条件为温度25~28℃、湿度75%~80%及每天连续光照时间≥14h。整个繁殖过程中不使用杀虫剂。

3.4.1.2　室内抗夜蛾鉴定

　　鉴定时设SC205为感虫对照品种，C1115为抗虫对照品种。将人工繁殖的接种体雌雄成虫配对后，分别接到养虫盒（长40cm×宽30cm×高5cm）中的新鲜离体木薯叶片（顶芽下第10~16片叶），每个养虫盒10片叶，每片叶接10对，每份种质资源50片叶，在温度25~28℃、湿度75%~80%及每天连续光照时间≥14h条件下繁殖，记录并统计夜蛾幼虫第8天的存活率。种质资源抗夜蛾鉴定评级标准见表3-13。

表3-13　室内抗夜蛾鉴定评级标准

抗性级别	F_0代夜蛾幼虫第8天的存活率（%）
免疫（IM）	0
高抗（HR）	0.1~10.0
抗（R）	10.1~30.0
中抗（MR）	30.1~50.0
感（S）	50.1~75.0
高感（HS）	>75.0

3.4.2　田间鉴定

3.4.2.1　鉴定圃

应具备良好的草地贪夜蛾、斜纹夜蛾和棉铃虫自然发生条件，面积0.2hm²以上。

3.4.2.2　木薯种植

种植时按照NY/T 356—1999《木薯　种茎》规定的要求选择种茎，并按照NY/T 1681—2009《木薯生产良好操作规范》规定的生产要求，鉴定时设SC205为感虫对照品种，C1115为抗虫对照品种。按随机区组设计将鉴定材料和对照材料种植于鉴定圃内，每份种质资源重复3次，每重复种10株（株行距为80cm×100cm）。

3.4.2.3　保护行

以相同株行距在待鉴定种质资源四周种植SC205品种作为保护行。

3.4.2.4　鉴定圃管理

全生育期内鉴定圃不使用杀虫剂，杀菌剂的使用根据鉴定圃内病害发生种类和程度而定。

3.4.2.5　田间调查

每年夜蛾发生高峰期，调查草地贪夜蛾、斜纹夜蛾和棉铃虫为害情况1~2次，从植株上、中、下3个部位中各选4片受害最重的叶片为代表，每株12片叶，每份种质资源调查30~50株，连续调查3年，记录虫害叶片数与调查总叶片数。

3.4.2.6　级别划分

根据木薯叶片虫害程度将草地贪夜蛾、斜纹夜蛾和棉铃虫为害分为0、1、2、3、4共5级，其标准如下。

0级：叶片未受虫害，植株生长正常；

1级：虫害面积占叶片面积的25%以下；

2级：虫害面积占叶片面积的26%～50%；

3级：虫害面积占叶片面积的51%～75%；

4级：虫害面积占叶片面积的76%以上。

虫害指数（%）＝Σ（$S \times Ns$）×100/（$N \times 4$）。式中，S为叶片受害级别；Ns为该受害级别叶片数；N为调查总叶片数。

抗性评级：根据鉴定材料的虫害指数，将木薯的抗虫性分为免疫、高抗、抗、中抗、感和高感共6级（表3-14）。

鉴定结果：20个木薯品种对草地贪夜蛾的抗虫性室内鉴定结果及田间鉴定结果见表3-15、表3-16。

表3-14　田间抗夜蛾鉴定评级标准

抗性级别	免疫（IM）	高抗（HR）	抗（R）	中抗（MR）	感（S）	高感（HS）
虫害指数（%）	0	0.1～12.5	12.6～37.5	37.6～62.5	62.6～87.5	≥87.6

表3-15　20个木薯品种对草地贪夜蛾的抗虫性室内鉴定结果

序号	品种	叶型	F_0代第8天幼虫存活率（%）	抗虫性级别
1	C1115	细叶	16.33	R
2	SC5	细叶	20.33	R
3	热科70号	宽叶	22.47	R
4	SC15	宽叶	32.67	MR
5	SC8	宽叶	35.13	MR

（续表）

序号	品种	叶型	F$_0$代第8天幼虫存活率（%）	抗虫性级别
6	SC10	宽叶	38.54	MR
7	LIMIN	宽叶	40.24	MR
8	SC124	宽叶	42.37	MR
9	NZ199	宽叶	45.87	MR
10	SC9	宽叶	62.24	S
11	SC12	宽叶	65.33	S
12	GR891	宽叶	68.13	S
13	SC8002	宽叶	68.54	S
14	SC6068	宽叶	70.33	S
15	GR10	宽叶	72.13	S
16	TMS60444	宽叶	72.87	S
17	SC205	细叶	74.87	S
18	KU50	宽叶	92.33	HS
19	BREAD	宽叶	95.47	HS
20	BRA900	宽叶	95.77	HS

表3-16　20个木薯品种对草地贪夜蛾的抗虫性田间鉴定结果

序号	品种	叶型	虫害指数（%）				抗虫性级别
			2019年	2020年	2021年	平均	
1	C1115	细叶	18.26	17.87	16.47	17.53	R
2	SC5	细叶	26.33	27.67	28.17	27.39	R

（续表）

序号	品种	叶型	虫害指数（%）				抗虫性级别
			2019年	2020年	2021年	平均	
3	热科70号	宽叶	30.87	29.67	30.33	30.29	R
4	SC15	宽叶	42.19	43.17	42.87	42.74	MR
5	SC8	宽叶	44.87	45.13	43.89	44.63	MR
6	SC10	宽叶	45.33	44.58	46.89	45.60	MR
7	LIMIN	宽叶	45.83	45.17	44.67	45.22	MR
8	SC124	宽叶	48.47	49.33	48.87	48.89	MR
9	NZ199	宽叶	50.67	50.13	49.67	50.16	MR
10	SC9	宽叶	72.33	73.17	70.67	72.06	S
11	SC12	宽叶	74.87	75.68	75.13	75.23	S
12	GR891	宽叶	76.69	75.33	74.87	75.63	S
13	SC8002	宽叶	78.87	79.17	77.67	78.57	S
14	SC6068	宽叶	82.13	83.33	84.33	83.26	S
15	GR10	宽叶	84.33	85.17	83.87	84.46	S
16	TMS60444	宽叶	85.69	86.17	85.97	85.94	S
17	SC205	细叶	86.13	86.87	85.67	86.22	S
18	KU50	宽叶	91.17	90.33	92.67	91.39	HS
19	BREAD	宽叶	94.56	95.13	93.67	94.45	HS
20	BRA900	宽叶	95.33	95.67	94.87	95.29	HS

3.5 木薯种质资源抗地下害虫鉴定技术规程及应用

3.5.1 室内人工接种鉴定

3.5.1.1 接种体准备

从田间采集蔗根锯天牛幼虫和铜绿丽金龟幼虫蛴螬，经形态学鉴定确认后，用100目网室内盆栽6个月的木薯品种SC205人工繁殖。人工繁殖条件为温度25~28℃、湿度75%~80%及每天连续光照时间≥14h。整个繁殖过程中不使用杀虫剂。

3.5.1.2 室内抗虫性鉴定

鉴定时设SC205为感虫对照品种，C1115为抗虫对照品种。在100目网室内盆栽待鉴定木薯种质，6个月后接种人工繁殖的蔗根锯天牛和铜绿丽金龟接种体。每份种质种植30盆（不小于直径40cm×高30cm），每盆1株，每株接虫5头，在温度25~28℃、湿度75%~80%及每天连续光照时间≥14h条件下，连续观察4个月，计算植株死亡率。种质资源抗虫性鉴定评级标准见表3-17。

表3-17 室内抗地下害虫鉴定评级标准

抗性级别	植株存活率（%）
免疫（IM）	0
高抗（HR）	0.1~10.0
抗（R）	10.1~30.0
中抗（MR）	30.1~50.0
感（S）	50.1~75.0
高感（HS）	>75.0

3.5.2　田间鉴定

3.5.2.1　鉴定圃

应具备良好的蔗根锯天牛幼虫和铜绿丽金龟幼虫蛴螬自然发生条件，面积0.2hm²以上。

3.5.2.2　木薯种植

种植时按照NY/T 356—1999《木薯　种茎》规定的要求选择种茎，并按照NY/T 1681—2009《木薯生产良好操作规范》规定的生产要求，鉴定时设SC205为感虫对照品种，C1115为抗虫对照品种。按随机区组设计将鉴定材料和对照材料种植于鉴定圃内，每份种质资源重复3次，每重复种10株（株行距为80cm×100cm）。

3.5.2.3　保护行

以相同株行距在待鉴定种质资源四周种植SC205品种作为保护行。

3.5.2.4　鉴定圃管理

全生育期内鉴定圃不使用杀虫剂，杀菌剂的使用根据鉴定圃内病害发生种类和程度而定。

3.5.2.5　田间调查

每年蔗根锯天牛幼虫和铜绿丽金龟幼虫蛴螬发生高峰期，调查蔗根锯天牛幼虫和铜绿丽金龟幼虫蛴螬为害情况1~2次，每份种质资源调查30~50株，连续调查3年，记录虫害植株数与调查总植株数。

3.5.2.6　级别划分

根据虫害率将蔗根锯天牛幼虫和铜绿丽金龟幼虫蛴螬为害分

为0、1、2、3、4共5级，其标准如下。

0级：植株未受虫害；

1级：植株虫害率为0~20%；

2级：植株虫害率为21%~40%；

3级：植株虫害率为41%~60%；

4级：植株虫害率为60%以上。

虫害指数（%）=Σ（$S \times Ns$）$\times 100/$（$N \times 4$），式中，S为叶片受害级别；Ns为该受害级别叶片数；N为调查总叶片数。

抗性评级：根据鉴定材料的虫害指数，将木薯的抗地下害虫分为免疫、高抗、抗、中抗、感和高感共6级（表3-18）。

鉴定结果：20个木薯品种对铜绿丽金龟幼虫蛴螬的抗虫性室内鉴定结果及田间鉴定结果见表3-19、表3-20。

表3-18　田间抗地下害虫鉴定评级标准

抗性级别	免疫（IM）	高抗（HR）	抗（R）	中抗（MR）	感（S）	高感（HS）
虫害指数（%）	0	0.1~12.5	12.6~37.5	37.6~62.5	62.6~87.5	≥87.6

表3-19　20个木薯品种对铜绿丽金龟幼虫蛴螬的抗虫性室内鉴定结果

序号	品种	叶型	F_0代第8天幼虫存活率（%）	抗虫性级别
1	C1115	细叶	18.67	R
2	热科70号	宽叶	20.33	R
3	SC9	宽叶	25.87	R
4	SC15	宽叶	26.24	R
5	SC5	细叶	28.87	R

（续表）

序号	品种	叶型	F_0代第8天幼虫存活率（%）	抗虫性级别
6	SC10	宽叶	42.33	MR
7	LIMIN	宽叶	42.54	MR
8	SC124	宽叶	43.87	MR
9	SC8002	宽叶	45.47	MR
10	SC8	宽叶	45.87	MR
11	SC12	宽叶	46.78	MR
12	GR891	宽叶	47.66	MR
13	NZ199	宽叶	48.54	MR
14	SC6068	宽叶	68.13	S
15	GR10	宽叶	68.25	S
16	TMS60444	宽叶	70.98	S
17	SC205	细叶	73.77	S
18	KU50	宽叶	92.67	HS
19	BREAD	宽叶	94.54	HS
20	BRA900	宽叶	95.45	HS

表3-20　20个木薯品种对铜绿丽金龟幼虫蛴螬的抗虫性田间鉴定结果

序号	品种	叶型	虫害指数（%）				抗虫性级别
			2019年	2020年	2021年	平均	
1	C1115	细叶	20.33	22.87	22.47	21.89	R
2	热科70号	细叶	25.54	26.24	26.33	26.04	R

（续表）

序号	品种	叶型	虫害指数（%）				抗虫性级别
			2019年	2020年	2021年	平均	
3	SC9	宽叶	28.17	29.87	30.54	29.53	R
4	SC15	宽叶	30.33	31.13	32.17	31.21	R
5	SC5	宽叶	34.87	35.33	35.54	35.25	R
6	SC10	宽叶	40.37	42.17	42.17	41.57	MR
7	LIMIN	宽叶	40.33	42.57	42.97	41.96	MR
8	SC124	宽叶	50.54	52.33	53.54	52.14	MR
9	SC8002	宽叶	52.17	53.13	53.87	53.06	MR
10	SC8	宽叶	55.87	57.48	56.33	56.56	MR
11	SC12	宽叶	55.87	56.87	57.33	56.69	MR
12	GR891	宽叶	56.17	58.13	56.33	56.88	MR
13	NZ199	宽叶	60.33	61.93	61.67	61.31	MR
14	SC6068	宽叶	75.33	76.33	76.87	76.18	S
15	GR10	宽叶	78.47	80.47	80.33	79.76	S
16	TMS60444	宽叶	82.24	83.13	83.17	82.85	S
17	SC205	细叶	83.17	84.87	84.66	84.23	S
18	KU50	宽叶	93.47	95.37	94.67	94.50	HS
19	BREAD	宽叶	95.33	97.13	97.24	96.57	HS
20	BRA900	宽叶	95.67	98.87	98.33	97.62	HS

4 中国木薯重要虫害全程绿色综合防控技术及应用

4.1 木薯害螨全程绿色综合防控技术

4.1.1 检疫处理

对于检疫性害螨木薯单爪螨，加强检疫机关的检疫职能，强化退货、就地销毁、消毒除害、异地卸货等检疫措施的有效实施，杜绝木薯单爪螨入侵传播。

4.1.2 种茎处理

（1）如收获时不留种，则将所有枝干、叶子集中烧毁。

（2）如收获时留种，则用40%啶虫脒可溶性粉剂1 500倍液和5.7%甲氨基阿维菌素苯甲酸盐水分散粒剂3 000倍液混合液喷杀所有需要的留种枝干后储存留种，其他不用的所有枝干、叶子集中烧毁。

（3）种植时，用40%啶虫脒可溶性粉剂1 500倍液和5.7%甲氨基阿维菌素苯甲酸盐水分散粒剂3 000倍液混合液浸泡种茎5～10min后种植。

4.1.3 农业防治

（1）选择抗螨兼具高产优质品种，如SC5、SC9、SC15、云热薯1号等。

（2）清洁田园和中耕除草，减少螨源。

（3）调整品种布局，合理轮作和间套作，选留健康种苗，调控田间微生态环境，保护自然天敌，降低害螨种群数量及增长趋势。

（4）合理深耕和灌溉可杀死大量害螨。

（5）合理施用各种肥料，增强作物的生长势，提高作物自身的抗螨能力。

4.1.4　生物防治

木薯单爪螨、二斑叶螨和朱砂叶螨均有大量的天敌，如捕食螨（*Neoseiulus idaeus*、*Typhlodromalus aripo*、*Neozygites tanajoae*和*Neozygites foridana*），以及一些食螨瓢虫、草蛉、蜘蛛、蓟马和瘿蚊等。由于经济、效果长久且对环境无害，保护和利用天敌进行防治前景广阔。

4.1.5　绿色化学药剂防治

由于木薯害螨繁殖力强、寄主广泛、生活史短，主要聚集于叶背刺吸为害，成灾频繁，药剂防治仍然是暴发成灾时的有效措施。严重发生时，合理使用5.7%甲氨基阿维菌素苯甲酸盐水分散粒剂5 000倍液，或3.2%高氯·甲维盐微乳剂3 000倍液，或20%阿维·杀虫单微乳剂2 000倍液，或4.5%高效氯氰菊酯微乳剂2 000倍液，或2.5%高效氯氟氰菊酯水乳剂2 000倍液等喷雾防治，对木薯害螨具有良好的药效，但要注意不同类型药剂要轮换使用，预防和延缓抗药的产生。

4.1.6　综合防治

以培育与利用抗螨品种、加强栽培管理、合理调节品种布局、合理间套作及保护利用天敌为核心的绿色综合防治措施在东南亚、南美等国家和地区均取得良好的效果。

4.2　木薯粉蚧类害虫全程绿色综合防控技术

4.2.1　检疫处理

对于检疫性害虫木薯绵粉蚧及外来入侵害虫木瓜秀粉蚧和美地绵粉蚧，加强检疫机关的检疫职能，强化退货、就地销毁、消毒除害、异地卸货等检疫措施的有效实施，杜绝外来入侵粉蚧入侵传播。

4.2.2　种茎处理

（1）如收获时不留种，则将所有枝干、叶子集中烧毁。

（2）如收获时留种，则用40%啶虫脒可溶性粉剂1 500倍液和5.7%甲氨基阿维菌素苯甲酸盐水分散粒剂3 000倍液混合液喷杀所有需要的留种枝干后储存留种，其他不用的所有枝干、叶子集中烧毁。

（3）种植时，用40%啶虫脒可溶性粉剂1 500倍液和5.7%甲氨基阿维菌素苯甲酸盐水分散粒剂3 000倍液混合液浸泡种茎5～10min后种植。

4.2.3　农业防治

（1）选择抗虫兼具高产优质品种，如SC5、SC9、SC15等。

（2）清洁田园和中耕除草，减少虫源。

（3）调整品种布局，合理轮作和间套作，选留健康种苗，调控田间微生态环境，保护自然天敌，降低害虫种群数量及增长趋势。

（4）合理深耕和灌溉可杀死大量害虫。

（5）合理施用各种肥料，增强作物的生长势，提高作物自身的抗虫能力。

4.2.4　生物防治

木薯绵粉蚧、木瓜秀粉蚧和美地绵粉蚧均有大量的天敌，如跳小蜂（*Anagyrus loecki*、*Acerophagus papayae*）及捕食性瓢虫（*Cryptolaemus montrouzieri*）、草蛉、蜘蛛、蓟马等。由于经济、效果长久且对环境无害，保护和利用天敌进行防治前景广阔。

4.2.5　绿色化学药剂防治

由于木薯粉蚧繁殖力强、寄主广泛、生活史短，主要聚集于叶背及幼嫩组织刺吸为害，成灾频繁，药剂防治仍然是暴发成灾时的有效措施。严重发生时，合理使用40%啶虫脒可溶性粉剂1 500倍液，或4%阿维·啶虫脒乳油3 000倍液，或80%敌百虫乳油1 000倍液，或20%阿维·杀虫单微乳剂2 000倍液，或4.5%高效氯氰菊酯微乳剂2 000倍液，或2.5%高效氯氟氰菊酯水乳剂2 000倍液等喷雾防治，对木薯粉蚧具有良好的药效，但要注意不同类型药剂要轮换使用，预防和延缓抗药的产生。

4.2.6　综合防治

以培育与利用抗虫品种、加强栽培管理、合理调节品种布局、合理间套作及保护利用天敌为核心的绿色综合防治措施在东南亚、南美等国家和地区均取得良好的效果。

4.3 木薯粉虱类害虫全程绿色综合防控技术

4.3.1 检疫处理

对于检疫性害虫螺旋粉虱及外来入侵传毒害虫烟粉虱,加强检疫机关的检疫职能,强化退货、就地销毁、消毒除害、异地卸货等检疫措施的有效实施,杜绝外来入侵粉虱入侵传播。

4.3.2 种茎处理

(1)如收获时不留种,则将所有枝干、叶子集中烧毁。

(2)如收获时留种,则用40%啶虫脒可溶性粉剂1 500倍液和5.7%甲氨基阿维菌素苯甲酸盐水分散粒剂3 000倍液混合液喷杀所有需要的留种枝干后储存留种,其他不用的所有枝干、叶子集中烧毁。

(3)种植时,用40%啶虫脒可溶性粉剂1 500倍液和5.7%甲氨基阿维菌素苯甲酸盐水分散粒剂3 000倍液混合液浸泡种茎5~10min后种植。

4.3.3 农业防治

(1)选择抗虫兼具高产优质品种,如SC5、SC9、SC15等。

(2)清洁田园和中耕除草,减少虫源。

(3)调整品种布局,合理轮作和间套作,选留健康种苗,调控田间微生态环境,保护自然天敌,降低害虫种群数量及增长趋势。

(4)合理深耕和灌溉可杀死大量害虫。

(5)合理施用各种肥料,增强作物的生长势,提高作物自身的抗虫能力。

4.3.4 生物防治

烟粉虱和螺旋粉虱天敌资源丰富，其寄生性天敌有膜翅目昆虫，捕食性天敌有鞘翅目、脉翅目、半翅目昆虫和捕食螨等，如蚜小蜂科（Aphelinidae）的恩蚜小蜂属（*Encarsia*）和浆角蚜小蜂属（*Eretmocerus*）的种类，瓢虫、草蛉和花蝽等，以及玫烟色拟青霉、白僵菌等。由于效果长久且对环境无害，保护和利用天敌进行防治前景广阔。

4.3.5 绿色化学药剂防治

由于烟粉虱和螺旋粉虱为害多种作物和杂草，繁殖能力强，迁飞速度快，应较大范围统一进行防治，且叶面、叶背均要喷药均匀，才能收到较好效果。在烟粉虱大发生初期，科学合理地施用农药，是非常重要的应急防治手段。可选用1.8%阿维菌素乳油2 000 ~ 3 000倍液、25%噻嗪酮可湿性粉剂1 000 ~ 1 500倍液、10%吡虫啉2 000倍液以及5%氟虫腈悬浮剂1 500倍液对烟粉虱均有较好的防治效果。但在进行化学防治时应注意适当轮换使用不同类型的农药，并要严格按照推荐浓度，不可随意加大浓度，以免抗药性增强。要注意不同类型药剂要轮换使用，预防和延缓抗药的产生。

4.3.6 综合防治

以培育与利用抗虫品种、加强栽培管理、合理调节品种布局、合理间套作及保护利用天敌为核心的绿色综合防治措施在东南亚、南美等国家和地区均取得良好的效果。

4.4　木薯夜蛾类害虫全程绿色综合防控技术

4.4.1　检疫处理

对于检疫性害虫草地贪夜蛾，加强检疫机关的检疫职能，强化退货、就地销毁、消毒除害、异地卸货等检疫措施的有效实施，杜绝外来入侵草地贪夜蛾入侵传播。

4.4.2　种茎处理

（1）如收获时不留种，则将所有枝干、叶子集中烧毁。

（2）如收获时留种，则用40%啶虫脒可溶性粉剂1 500倍液和5.7%甲氨基阿维菌素苯甲酸盐水分散粒剂3 000倍液混合液喷杀所有需要的留种枝干后储存留种，其他不用的所有枝干、叶子集中烧毁。

（3）种植时，用40%啶虫脒可溶性粉剂1 500倍液和5.7%甲氨基阿维菌素苯甲酸盐水分散粒剂3 000倍液混合液浸泡种茎5～10min后种植。

4.4.3　农业防治

（1）选择抗虫兼具高产优质品种，如SC5、SC15等。

（2）清洁田园和中耕除草，减少虫源。

（3）调整品种布局，合理轮作和间套作，选留健康种苗，调控田间微生态环境，保护自然天敌，降低害虫种群数量及增长趋势。

（4）合理深耕和灌溉可杀死大量害虫。

（5）合理施用各种肥料，增强作物的生长势，提高作物自身的抗虫能力。

4.4.4　生物防治

草地贪夜蛾、斜纹夜蛾和棉铃虫等夜蛾类害虫天敌资源丰富，有短管赤眼蜂、夜蛾黑卵蜂、小茧蜂、广大腿蜂、寄生蝇、蜘蛛、线虫、微孢子虫、多角体病毒、芽孢杆菌、绿僵菌等。由于防治成本低、效果长久且对环境无害，保护和利用天敌进行防治前景广阔。

4.4.5　绿色化学药剂防治

由于草地贪夜蛾、斜纹夜蛾和棉铃虫等夜蛾类害虫为害多种作物和杂草，繁殖能力强，迁飞速度快，应较大范围统一进行防治，才能收到较好效果。可选用10%氯氰菊酯乳油1 200～1 600倍液，或25%灭幼脲3号悬浮液药剂1 600～2 000倍液，或5%高效氯氰菊酯乳油1 200～1 600倍液，5.7%甲氨基阿维菌素苯甲酸盐水分散粒剂5 000倍液，或3.2%高氯·甲维盐微乳剂3 000倍液，或20%阿维·杀虫单微乳剂2 000倍液，或4.5%高效氯氰菊酯微乳剂2 000倍液，或2.5%高效氯氟氰菊酯水乳剂2 000倍液对草地贪夜蛾、斜纹夜蛾和棉铃虫等夜蛾类害虫均有较好的防治效果。但在进行化学防治时应注意适当轮换使用不同类型的农药，并要严格按照推荐浓度，不可随意加大浓度，以免抗药性增强。要注意不同类型药剂要轮换使用，预防和延缓抗药的产生。

4.4.6　综合防治

以培育与利用抗虫品种、加强栽培管理、合理调节品种布局、合理间套作及保护利用天敌为核心的绿色综合防治措施在东南亚、南美等国家和地区均取得良好的效果。

4.5 木薯地下害虫全程绿色综合防控技术

4.5.1 种茎处理

（1）如收获时不留种，则将所有枝干、叶子集中烧毁。

（2）如收获时留种，则用40%啶虫脒可溶性粉剂1 500倍液和5.7%甲氨基阿维菌素苯甲酸盐水分散粒剂3 000倍液混合液喷杀所有需要的留种枝干后储存留种，其他不用的所有枝干、叶子集中烧毁。

（3）种植时，用40%啶虫脒可溶性粉剂1 500倍液和5.7%甲氨基阿维菌素苯甲酸盐水分散粒剂3 000倍液混合液浸泡种茎5~10min后种植。

4.5.2 农业防治

（1）选择抗虫兼具高产优质品种，如SC5、SC9、SC15等。

（2）清洁田园和中耕除草，减少虫源。

（3）调整品种布局，合理轮作和间套作，选留健康种苗，调控田间微生态环境，保护自然天敌，降低害虫种群数量及增长趋势。

（4）合理深耕和灌溉可杀死大量害虫。

（5）合理施用各种肥料，增强作物的生长势，提高作物自身的抗虫能力。

4.5.3 生物防治

多角体病毒、绿僵菌、白僵菌等对蔗根锯天牛和铜绿丽金龟等地下害虫具有良好的生物防治效果。由于防治成本低、效果长久且对环境无害，木薯地下害虫生物防治前景广阔。

4.5.4 绿色化学药剂防治

生物药剂毒饵诱杀：种植时，在种植行间按"Z"形间隔3~5m挖一个30cm×30cm×30cm的土坑，坑中放入5.7%甲氨基阿维菌素苯甲酸盐水分散粒剂5 000倍液的米糠混合物毒饵诱杀；或用90%晶体敌百虫0.5kg或50%辛硫磷乳油500mL，加水2.5~5L，喷在50kg碾碎炒香的米糠、豆饼或麦麸上，于傍晚在受害作物田间每隔一定距离撒一小堆，或在作物根际附近围施，每公顷用75kg；毒草制备可用90%晶体敌百虫0.5kg，拌砸碎的鲜草75~100kg，每公顷用225~300kg。

药肥预防：按每亩1kg40%啶虫脒可溶性粉剂（具体剂量按照购买的商品说明使用）和5.7%甲氨基阿维菌素苯甲酸盐颗粒剂（具体剂量按照购买的商品说明使用）和基肥一同施于种植沟中后再种植。

药剂喷雾：发生为害时，合理使用5.7%甲氨基阿维菌素苯甲酸盐水分散粒剂5 000倍液，或3.2%高氯·甲维盐微乳剂3 000倍液，或20%阿维·杀虫单微乳剂2 000倍液，或4.5%高效氯氰菊酯微乳剂2 000倍液，或2.5%高效氯氟氰菊酯水乳剂2 000倍液，或40%丙溴磷乳油1 000倍液，或40%辛硫磷乳油1 000倍液，或5%氟虫脲乳油1 000倍液，或10%溴虫腈悬浮剂1 000倍液等根基喷雾防治，对蛴螬具有良好的药效，注意不同类型药剂要轮换使用，预防和延缓抗药的产生。

4.5.5 综合防治

以培育与利用抗虫品种、加强栽培管理、合理调节品种布局、合理间套作及保护利用天敌为核心的绿色综合防治措施在东南亚、南美等国家和地区均取得良好的效果。

4.6 农药减施及区域性木薯重要虫害全程绿色综合防控技术应用示范

4.6.1 木薯重要害虫防控密度阈值

根据不同虫口密度下的植株表征，确定了虫螨、粉蚧、粉虱、夜蛾、地下害虫5类木薯重要虫害防控密度阈值（表4-1，图4-1至图4-5）。

表4-1　5类木薯重要虫害防控密度阈值

序号	害虫种类	防控密度阈值
1	木薯单爪螨	50头/叶
2	二斑叶螨	50头/叶
3	朱砂叶螨	50头/叶
4	木薯绵粉蚧	30头/叶
5	木瓜秀粉蚧	30头/叶
6	美地绵粉蚧	30头/叶
7	烟粉虱	25头/叶
8	螺旋粉虱	25头/叶
9	草地贪夜蛾	3头/叶
10	斜纹夜蛾	3头/叶
11	棉铃虫	3头/叶
12	铜绿丽金龟（蛴螬）	2头/株
13	蔗根锯天牛	2头/株

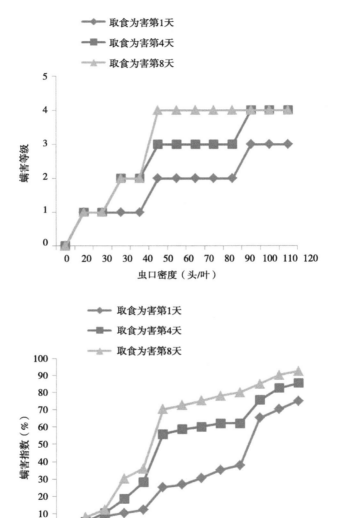

图4-1 不同害螨虫口密度下木薯植株表征

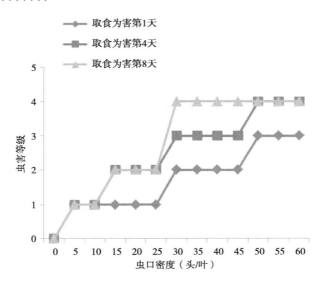

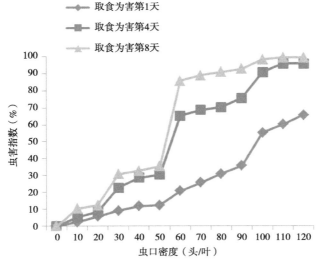

图4-2 不同粉蚧虫口密度下木薯植株表征

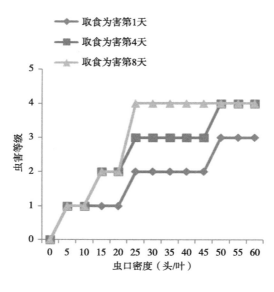

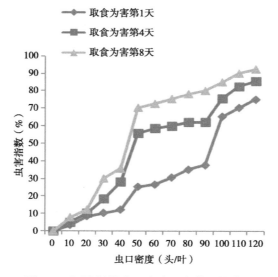

图4-3 不同粉虱虫口密度下木薯植株表征

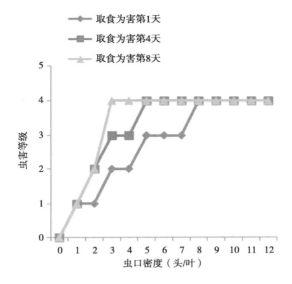

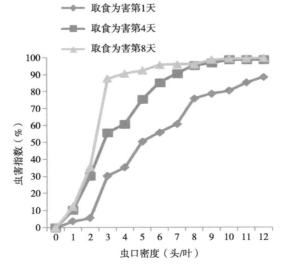

图4-4　不同夜蛾虫口密度下木薯植株表征

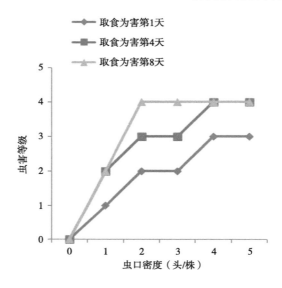

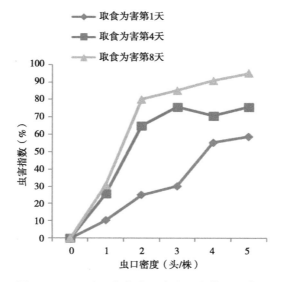

图4-5　不同地下害虫虫口密度下木薯植株表征

4.6.2　农药减施及区域性木薯虫害全程绿色综合防控技术体系

将害虫防控与栽培管理相结合，以害虫密度阈值为防控依据，根据田间工作流程切实构建适于我国主要木薯主产区产地环境的农药减施及区域性木薯虫害全程绿色综合防控技术体系。

4.6.2.1　种植前抗虫高产优良品种的选用和留种

（1）种植前选用抗虫高产优良品种，如SC5、SC9、SC15等。

（2）如收获时不留种，则将所有枝干、叶子集中处理。

（3）如收获时留种，则用绿色药剂40%啶虫脒可溶性粉剂1 500倍液和5.7%甲氨基阿维菌素苯甲酸盐水分散粒剂3 000倍液混合液喷杀所有需要的留种枝干后储存留种，其他不用的所有枝干、叶子集中处理。

4.6.2.2　种植时绿色调控减灾轻简化技术

（1）调整品种布局和种植密度，并与玉米或花生或辣椒或西甜瓜等合理间套作，有效调控害虫发生微生态环境，增加生物多样性，实时调控虫口密度，有效预防地上害虫发生与为害。

（2）清洁田园和除草，合理深耕和灌溉，减少虫源，有效预防地下和地上害虫发生与为害。

（3）用40%啶虫脒可溶性粉剂1 500倍液和5.7%甲氨基阿维菌素苯甲酸盐水分散粒剂3 000倍液混合液浸泡种茎5～10min后种植，有效预防地下和地上害虫发生与为害。

（4）选用阿维菌素有机肥，或将绿色杀虫剂阿维菌素颗粒剂与肥料混合后沟施或穴施，然后种植，有效预防地下害虫发生与为害。

4.6.2.3　种植后绿色防控减灾轻简化技术

（1）生态调控。种植后强化肥水管理，加强诱集作物间套作防害减灾，提高植物的抗性，并充分发挥天敌的自然控制作用。

（2）诱杀减灾。种植后根据害虫生物学习性，结合田间作业，合理利用信息素、黑光灯、蓝黄板、土坑等诱杀，有效减少虫口密度和虫害率。

（3）生物防治。根据产地环境合理应用多角体病毒、芽孢杆菌、绿僵菌、捕食螨、寄生蜂、赤眼蜂、寄生蝇、捕食性瓢虫、草蛉、蜘蛛等进行生物防治。由于经济、效果长久且对环境无害，保护和利用天敌及多角体病毒、芽孢杆菌、绿僵菌等进行生物防治前景广阔。

（4）绿色药剂防治。种植后重点加强前6个月防治，在害虫发生高峰期及时使用绿色杀虫剂，将害虫控制在防治密度阈值水平以下。

4.6.2.4 创新利用抗虫兼具高产品种预防减灾示范效果

工业原料抗虫兼具高产木薯品种SC15和感虫木薯品种SC205均设置12个种植模式，即单垄单行模式（行间距80cm、株距80cm，简称D1-1）、单垄单行模式（行间距100cm、株距80cm，简称D1-2）、单垄单行模式（行间距120cm、株距80cm，简称D1-3）；单垄双行模式（行间距80cm、株距80cm、垄间距80cm，简称D2-1）、单垄双行模式（行间距100cm、株距80cm、垄间距100cm，简称D2-2，为常规种植模式CK）、单垄双行模式（行间距120cm、株距80cm、垄间距120cm，简称D2-3）；单垄三行模式（行间距80cm、株距80cm、垄间距80cm，简称D3-1）、单垄三行模式（行间距100cm、株距80cm、垄间距100cm，简称D3-2）、单垄三行模式（行间距120cm、株距80cm、垄间距120cm，简称D3-3）；单垄四行模式（行间距80cm、株距80cm、垄间距80cm，简称D4-1）、单垄四行模式

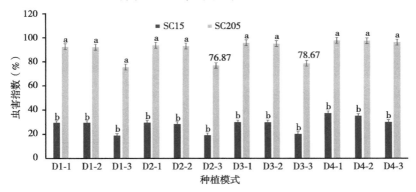

（行间距100cm、株距80cm、垄间距100cm，D4-2）、单垄四行模式（行间距120cm、株距80cm、垄间距120cm，D4-3）。

从12个种植模式田间虫害发生情况可以看出，所有抗虫木薯品种SC15种植模式的虫害指数均显著低于感虫木薯品种SC205，其中SC15种植模式D1-3、D2-3和D3-3的减灾效果最好，虫害指数为18.87%～20.33%，显著低于传统种植模式D2-2（28.47%），但D1-1、D1-2、D2-1、D3-1、D3-2和D4-3虫害指数为29.47%～30.13%，与D2-2无显著差异，显著高于D4-1和D4-2（虫害指数为35.13%～37.47%）；SC205种植模式D1-1、D1-2、D1-3、D2-3和D3-3的虫害指数为75.54%～78.67%，减灾效果显著低于传统种植模式D2-2（虫害指数为93.13%）但D2-1、D3-1、D3-2、D4-1、D4-2和D4-3的虫害指数94.67%～97.87%均高于D2-2，减灾效果差。

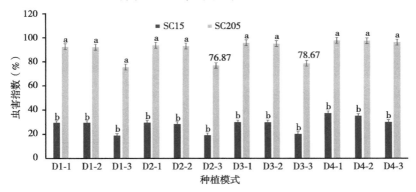

图4-6　不同种植模式下的抗、感木薯品种虫害指数

4.6.2.5　农药减施及区域性木薯虫害全程绿色综合防控技术示范效果

农药减施及区域性木薯虫害全程绿色综合防治技术示范效果见图4-7。

图4-7 农药减施及区域性木薯虫害全程绿色综合防控技术示范效果

附录1

甜玉米与木薯间套作对二斑叶螨的生态调控效果

陈　青[1, 2]　梁　晓[1, 2]　刘　迎[1, 2]　伍春玲[1, 2]　伍牧峰[1, 2, 3]　李志红[3]

（1. 中国热带农业科学院环境与植物保护研究所，农业农村部热带作物有害生物综合治理重点实验室，海南省热带作物病虫害生物防治工程技术研究中心，海南省热带农业有害生物监测与控制重点实验室，海口　571101；2. 中国热带农业科学院三亚研究院，海南省南繁生物安全与分子育种重点实验室，三亚　572000；3. 中国农业大学植物保护学院植物生物安全系，农业农村部植物检疫性有害生物监测防控重点实验室，北京　100193）

　　摘　要：为生态调控我国木薯主产区主要外来入侵害虫二斑叶螨（*Tetranychus urticae*），以甜玉米YT29和食用木薯品种SC9（抗虫）及工业原料木薯品种SC205（感虫）为供试材料，系统开展甜玉米与这2种木薯间套作对二斑叶螨调控效果的研究。结果表明，二斑叶螨对SC9表现出非适宜性，而对YT29和SC205表现出适宜性。取食SC9的二斑叶螨各虫态发育历期均显著长于取食YT29和SC205的，幼螨—后若螨死亡率显著高于取食YT29和SC205的，雌、雄成螨寿命显著短于取食YT29和SC205的，单雌产卵量、卵孵化率和雌性百分率均显著低于取食YT29和SC205的，但取食YT29和取食SC205的二斑叶螨的发育和繁殖之间无显著差异。4/YT29-2/SC9间套作模式对二斑叶螨的生态调控效果最好，不仅3年螨害指数显著低于SC9单作、SC205单作及2/YT29-2/SC205间套作模式，而且其3年平均产量达39.1t/hm²，显著高于SC9单作（32.1t/hm²）、4/YT29-2/SC205间套作模式（20.5t/hm²）和SC205单作（12.0t/hm²）的平均产量。表明甜玉米与抗虫木薯品种间套作模式具有调控虫害、增产的作用，可以在我国木薯种植区大面积推广应用。

　　关键词：甜玉米；木薯；间套作；生态调控；二斑叶螨

二斑叶螨（*Tetranychus urticae*）为世界性重大农业害螨（van Leeuwen et al.，2010），也是玉米上的重要外来危险性害螨（陈亚丰等，2022），更是我国木薯主栽区四大危险性有害生物之一，其主要聚集在木薯叶背为害，受害部位失绿初期呈斑点状，后期叶片大面积褐化，严重时叶片焦枯，甚至整株死亡（Chen et al.，2019）。二斑叶螨具有寄主广、繁殖力强、世代重叠严重、突发成灾频率高和为害损失重等特点（Chen et al.，2019），且已经对阿维菌素（Tang et al.，2014；Xu et al.，2018）和拟除虫菊酯类农药（Ilias et al.，2017）等产生抗性，如何有效防控其发生及为害已成为我国木薯产业健康持续发展中亟待解决的重大课题。

合理间套作生态调控病虫害一直是有害生物综合治理的重要组成部分，能有效提升农田生态系统的稳定性和生物多样性，进而阻隔病虫种群扩散，减少病虫害发生数量和农药使用量，增强农田生态系统的控害保益功能（Zhu et al.，2000；赵紫华等，2013）。Bensen和Temple（2008）发现黑豇豆和菜豆间作可以显著降低豆荚草盲蝽（*Lygus hesperus*）虫口数量，持续减轻豆荚草盲蝽的为害。安暗昕等（2011）发现玉米与甘蓝、辣椒按照2：4带型种植对玉米、甘蓝和辣椒上主要病虫害有明显的控制作用，可有效降低玉米锈病、玉米小斑病、甘蓝霜霉病和辣椒霜霉病的平均病情指数和小菜蛾（*Plutella xylostella*）、桃蚜（*Myzus persicae*）和棉铃虫（*Helicoverpa armigera*）的虫口密度。Baidoo et al.（2012）研究发现洋葱和甘蓝间作能显著减少烟粉虱（*Bemisia tabaci*）、菜螟（*Hellula undalis*）和甘蓝蚜（*Brevicoryne brassicae*）虫口数量，显著减轻这3种害虫的为害程度，但白菜和甘蓝间作对这3种害虫的防控效果不明显。魏佩瑶等（2022）发现番茄—玉米间作能显著降低烟粉虱的虫口密度和番茄黄化曲叶病毒病的病情指数，并有利于番茄植株生长，提高番茄产量，尤其当玉米种植株距为10cm时，效果最好。黄末末等（2020）发现马铃薯—玉米、马铃薯—向日葵间作均可以延缓马铃薯甲虫（*Leptinotarsa decemlineata*）F_1代成虫的为害高峰期，降低F_2代幼虫量，增加天敌草蛉和食蚜蝇的虫量，进而在一定程度上阻隔马铃薯甲虫的定殖扩散，并且马铃薯—玉米间作的调控效果优于马铃薯—向日葵间作的调控效果。到目前为止，关于木薯—玉米间套作调控虫害的报道很少。

为探讨木薯—玉米间套作对二斑叶螨的生态调控效果，本研究选用目前我国木薯主栽区大面积应用推广的木薯抗虫品种SC9、感虫品种SC205和甜玉米粤甜29号（YT29）为试验材料，在测定取食SC9、SC205和YT29后二斑叶螨发育与繁殖力差异基础上，以螨害指数和单位面积产量为指标，系统评价甜玉米YT29和木薯品种SC9和SC205不同间套作模式对二斑叶螨的调控效果，以期为我国木薯种植区二斑叶螨的绿色防控提供依据。

1　材料与方法

1.1　材料

供试虫源和作物：二斑叶螨为中国热带农业科学院环境与植物保护研究所国家木薯产业技术体系虫害防控岗位团队于温度（25 ± 1）℃、相对湿度（75 ± 5）%和光周期14L：10D养虫室内，对所有害虫（螨）敏感的木薯品种面包植株长期继代饲养的室内试验种群，选择发育历期一致的雌、雄成螨进行试验。木薯品种为在我国木薯主栽区大面积种植的抗虫品种SC9（食用）和感虫品种SC205（工业原料），均由中国热带农业科学院热带作物品种资源研究所国家木薯种质资源圃提供，于田间种植40d后取健康植株顶芽下第10~16片叶供试。甜玉米品种为通过广东省农作物品种审定委员会和国家农作物品种审定委员会审定的YT29，自海南省海口市种子销售商店购买，于田间种植后，取小喇叭口期的健康植株上部3~4片叶供试。

1.2　方法

1.2.1　取食不同植物后二斑叶螨的发育与繁殖力

为明确二斑叶螨在木薯和不同甜玉米品种上的寄主适应性，将室内试验种群二斑叶螨雌、雄成螨配对后，分别接到装有新鲜SC9、SC205和YT29叶片的养虫盒中，养虫盒长40cm、宽30cm、高5cm，将养虫盒置于温度（25±1）℃、相对湿度（75±5）%、光周期14L：10D的养虫室内饲养，每个养虫盒内放10片叶片，每片叶片接10对二斑叶螨雌、雄成螨，每个品种接种20盒，24h后收集有卵的叶片，观察卵孵化状况并记录。卵孵化后取单头置于长40cm、宽30cm、高5cm的养虫盒内，饲养条件同上，分别用单片SC9、SC205和YT29叶片饲养，观察并记录F_0代各龄若螨发育历期，F_1代雌、雄成螨寿命、卵孵化数及20对F_1代雌、雄配对后的单雌产卵量，每12h观察1次，每3d换1次新鲜叶片，1头即为1个重复，每个品种重复50次。

1.2.2　甜玉米—木薯间套作模式的筛选

2018年2—12月在海南儋州试验基地内开展甜玉米—木薯间套作模式筛选试验。本研究共设置3种甜玉米—木薯间套作模式，即1行甜玉米2行木薯、2行甜玉米2行木薯和4行甜玉米2行木薯。1行甜玉米2行木薯：甜玉米和木薯行间距30cm，甜玉米株距40cm，木薯株距80cm，行距100cm，甜玉米和木薯同时种植；2行甜玉米2行木薯：甜玉米和木薯行间距30cm，甜玉米株距40cm，行距40cm，木薯株距80cm，行距100cm，甜玉米和木薯同时种植；4行甜玉米2行木薯：甜玉米和木薯行间距30cm，甜玉米株距40cm，行距40cm，木薯株距80cm，行距100cm，2行甜玉米和木薯同时种植，后2行甜玉米晚2个月种植，分别以木薯单作为对照。试验共分2组，每组有4个处理，第1组4个处理分别为SC9单作、4/YT29-2/SC9、2/YT29-2/SC9和1/YT29-2/SC9，第2组4个处理分别为SC205单作、4/YT29-2/SC205、2/YT29-2/SC205和1/YT29-2/SC205。每个处理小区长10m×宽6.67m，即1个重复，每个处理3个重复。2018年2月1日开始种植，甜玉米采用直播种植，木薯采用30cm种茎扦插种植，SC9和SC205单作行间距与间套作相同，甜玉米和木薯按照田间正常管理，每3d浇水1次，每28d施用复合肥1次，用量为1t/hm^2，并且整个生产期不施用杀虫剂。3月15日开始虫情调查，每30d调查1次，直至木薯收获，调查时每个小区固定调查30株木薯，从植株上、中、下部3个部位各选4片受害最重的木薯叶片进行调查，每株共调查12片叶，每个重复固定调查30株，记录虫害叶片数与调查总叶片数。

　　参照NY/T2445—2013《木薯种质资源抗虫性鉴定技术规程》对螨害分级。分级标准：0级，叶片未受螨害，植株生长正常；1级，叶片表面出现黄白色小斑点，受害轻微，螨害面积占叶片面积的25%以下；2级，叶片表面出现黄褐（红）斑，红斑面积占叶片面积的26%～50%；3级，叶片表面黄褐斑较多且成片，红斑面积占叶片面积的51%～75%，叶片局部卷缩；4级，叶片受害严重，黄褐（红）斑面积占叶片面积的76%以上，严重时叶片焦枯、脱落。按照螨害分级标准确定调查叶片的分级，根据公式计算螨害指数，螨害指数（%）＝Σ（$S×Ns$）×100/

（$N \times 4$）。式中，S为叶片受害级别；Ns为该受害级别叶片数；N为调查总叶片数。对螨害指数进行分级，$0 \leqslant$螨害指数$<37.5\%$时，为Ⅰ级，$37.5\% \leqslant$螨害指数$<62.5\%$，为Ⅱ级，$62.5\% \leqslant$螨害指数$\leqslant 100.0\%$，则为Ⅲ级。根据螨害指数等级筛选出对二斑叶螨有较好调控效果的甜玉米—木薯间套作模式。

1.2.3　甜玉米—木薯间套作对二斑叶螨的调控效果

2019—2021年在海南儋州试验基地内进行试验。分别以木薯品种SC9和SC205单作为对照，以1.2.2所筛选的间套作种植模式进行调控效果试验，每个处理小区长$10m \times$宽$6.67m$，即1个重复，每个处理3个重复。分别于2019年2月28日、2020年2月17日、2021年2月7日同时种植木薯和甜玉米，种植情况、田间管理同1.2.2。种植后每年均从3月15日开始虫情调查，调查方法和螨害指数的计算同1.2.2。同时进行木薯产量调查，木薯产量=单位面积薯块数（株数 × 薯块数/株）× 单薯质量。通过比较间套作模式与单作模式的螨害指数级别和产量，综合评价所筛选的间套作模式对二斑叶螨的调控效果。

1.3　数据分析

采用Excel 2016和SPSS 13.0软件进行数据统计，应用Duncan氏新复极差法进行差异显著性检验。

2　结果与分析

2.1　取食不同植物后二斑叶螨的发育和繁殖力

2.1.1　二斑叶螨各虫态的发育历期

取食SC9的二斑叶螨F_0代幼螨、前若螨、后若螨、幼螨—

后若螨和F_1代卵期发育历期分别为4.5d、4.0d、4.5d、18.5d和5.5d，均显著长于取食SC205和YT29的发育历期（$P<0.05$），取食SC205的二斑叶螨F_0代幼螨、前若螨、后若螨、幼螨—后若螨和F_1代卵期发育历期分别为2.5d、2.0d、2.5d、10.5d和3.5d，与取食YT29的二斑叶螨F_0代幼螨、前若螨、后若螨、幼螨—后若螨和F_1代卵期发育历期（分别为2.0d、2.5d、2.5d、10.0d和3.0d）之间差异不显著（图1），表明SC9显著抑制二斑叶螨的发育，而二斑叶螨对SC205和YT29表现出适应性。

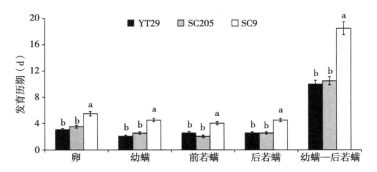

图1　取食木薯品种SC9、SC205及甜玉米品种YT29后二斑叶螨各虫态的发育历期

注：图中数据为平均数±标准差。不同小写字母表示同发育阶段不同处理之间经Duncan氏新复极差法检验差异显著（$P<0.05$）。

2.1.2　二斑叶螨幼螨到后若螨的死亡率

取食SC9、SC205和YT29的二斑叶螨幼螨—后若螨的死亡率分别为73.4%、6.46%和5.73%，前者显著高于后两者（$P<0.05$），但后两者之间差异不显著（图2A），进一步表明SC9显著抑制二斑叶螨的发育，而二斑叶螨对SC205和YT29表现出适应性。

2.1.3　二斑叶螨繁殖力

　　取食SC9、SC205和YT29的二斑叶螨F_1代单雌产卵量分别为12.33粒、46.33粒和48.67粒，前者显著低于后两者（$P<0.05$），且后两者之间差异不显著（图2B）；取食SC9、SC205和YT29的二斑叶螨F_1代卵孵化率分别为65.47%、92.57%和93.67%，前者显著低于后两者（$P<0.05$），且后两者之间差异不显著（图2C）；取食SC9、SC205和YT29的二斑叶螨F_1代雌性百分率分别为66.13%、80.33%和80.73%，前者显著低于后两者（$P<0.05$），且后两者之间差异不显著（图2D），进一步表明SC9显著抑制二斑叶螨的发育，而二斑叶螨对SC205和YT29表现出适应性。

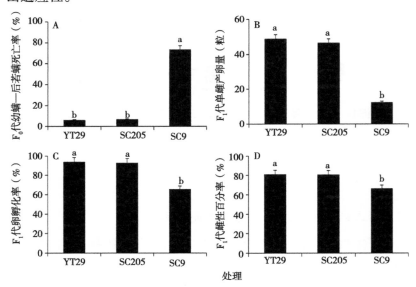

图2　取食木薯品种SC9、SC205及甜玉米品种YT29对二斑叶螨发育和繁殖的影响

　　注：图中数据为平均数±标准差。不同小写字母表示经Duncan氏新复极差法检验差异显著（$P<0.05$）。

2.1.4 二斑叶螨雌、雄螨寿命

取食SC9、SC205和YT29的二斑叶螨雌成螨寿命分别为15.5d、35.5d和36.5d，前者显著短于后两者（$P<0.05$），且后两者之间差异不显著；取食SC9、SC205和YT29的二斑叶螨雄成螨寿命分别为12.5d、32.5d和32.5d，前者显著短于后两者（$P<0.05$），且后两者之间差异不显著（图3），进一步表明SC9显著抑制二斑叶螨的发育，而二斑叶螨对SC205和YT29表现出适应性。

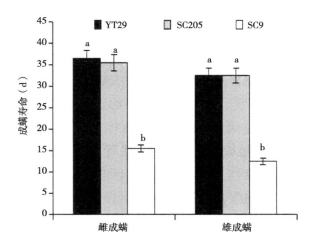

图3 取食木薯品种SC9、SC205及甜玉米品种YT29后二斑叶螨F_0代雌、雄成螨寿命

注：图中数据为平均数±标准差。不同小写字母表示同性别不同处理之间经Duncan氏新复极差法检验差异显著（$P<0.05$）。

2.2 甜玉米—木薯间套作模式的筛选

无论YT29与SC9，还是SC205间套作，3种间套种模式均能显著降低二斑叶螨的螨害指数（图4）。在20次调查中，4/YT29-

2/SC9、2/YT29-2/SC9、1/YT29-2/SC9间套作和SC9单作分别有14次、13次、11次和11次的螨害指数为Ⅰ级，分别高于4/YT29-2/SC205、2/YT29-2/SC205、1/YT29-2/SC205间套作和SC205单作的螨害指数为Ⅰ级的次数（$P<0.05$），其分别为6次、6次、3次和2次；4/YT29-2/SC9、2/YT29-2/SC9、1/YT29-2/SC9间套作和SC9单作分别有17次、16次、16次和16次的螨害指数为Ⅱ级，分别高于4/YT29-2/SC205、2/YT29-2/SC205、1/YT29-2/SC205间套作和SC205单作的螨害指数为Ⅱ级的次数（$P<0.05$），其分别为14次、10次、6次和4次；4/YT29-2/SC9、2/YT29-2/SC9、1/YT29-2/SC9间套作和SC9单作分别有3次、4次、4次和4次的螨害指数为Ⅲ级，分别低于4/YT29-2/SC205、2/YT29-2/SC205、1/YT29-2/SC205间套作和SC205单作的螨害指数为Ⅲ级的次数，其分别为6次、16次、14次和10次。综上所述，无论是抗虫木薯还是感虫木薯与甜玉米间套作，均对二斑叶螨具有良好的调控效果。将8种种植模式的控害效果进行排序，由大到小依次为4/YT29-2/SC9间套作、2/YT29-2/SC9间套作、1/YT29-2/SC9间套作、SC9单作、4/YT29-2/SC205间套作、2/YT29-2/SC205间套作、1/YT29-2/SC205间套作和SC205单作（图4）。无论是感虫品种SC205还是抗虫品种SC9，均是2行木薯与4行甜玉米间套作的效果最好，即4/YT29-2/SC9和4/YT29-2/SC205的效果最好，故选择4/YT29-2/SC205和4/YT29-2/SC9作为甜玉米与木薯间套作调控二斑叶螨的最佳模式。

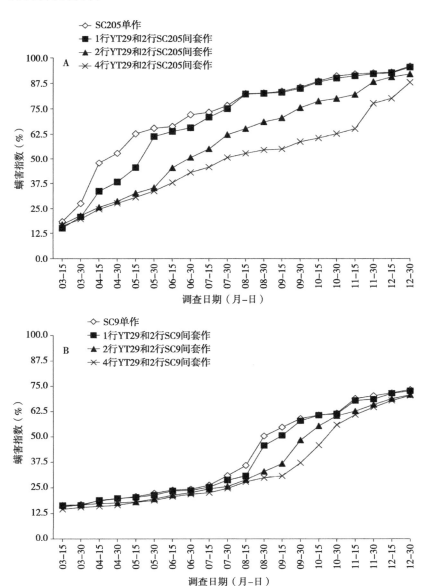

图4　感虫木薯品种SC205（A）和抗虫木薯品种SC9（B）分别与甜玉米品
种YT29间套作的螨害指数

2.3　筛选的间套作模式对二斑叶螨的调控效果

4/YT29-2/SC9和4/YT29-2/SC205间套作模式均能显著降低螨害指数（图5A）。在20次调查中，4/YT29-2/SC9间套作模式分别有9次和15次的螨害指数为Ⅰ级和Ⅱ级，显著高于SC9单作的6次和14次，4/YT29-2/SC205间套作模式有9次和5次的螨害指数为Ⅰ级和Ⅱ级，显著高于SC205单作的4次和2次；4/YT29-2/SC9间套作模式的平均螨害指数为Ⅲ级的只有5次，显著低于SC9单作的6次，4/YT29-2/SC205间套作模式的平均螨害指数为Ⅲ级的只有6次，显著低于SC205单作的16次。抗虫品种SC9单作或者间套作模式对二斑叶螨的调控效果均显著优于感虫品种SC205的单作或者间套作模式的调控效果。基于3年平均螨害指数，4种种植模式对二斑叶螨的调控效果由大到小依次为4/YT29-2/SC9间套作、SC9单作、2/YT29-2/SC205间套作和SC205单作。

甜玉米与木薯间套作能显著提高木薯产量，其中4/YT29-2/SC9间套作模式效果最好，3年木薯平均产量达39.1t/hm^2，比SC9单作平均产量显著增加21.85%（$P<0.05$），SC9单作3年木薯平均产量为31.6t/hm^2。4/YT29-2/SC205间套作模式3年木薯平均产量为20.2t/hm^2，比SC205单作3年木薯平均产量显著增加71.14%（$P<0.05$），增产效果虽然十分显著，但7月30日后螨害指数均大于65.68%，难以有效抵御二斑叶螨的为害，导致木薯产量较低（图5B）。因此，4/YT29-2/SC9间套作模式效果最好，不仅可以显著降低螨害指数，而且可以提高木薯产量。

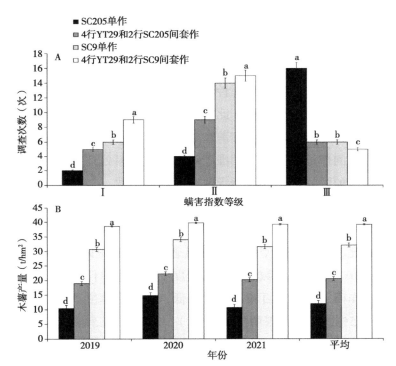

图5　感虫木薯品种SC205和抗虫木薯品种SC9与甜玉米品种YT29的最佳间套作模式对二斑叶螨的调控效果

3　讨论

玉米作为株型理想的高光合作用效率作物和利用杂种优势最早、最好的作物，已被国内外广泛用于间套作调控有害生物。魏佩瑶等（2022）系统研究了番茄—玉米间套作对烟粉虱的屏障效应，发现与番茄单作相比，玉米植株建立起的自然屏障使番茄生长环境相对稳定，番茄—玉米间作对烟粉虱有趋避效应，玉米株距分别为10cm、20cm和30cm时，烟粉虱虫口数分别比单作减少88.7%、82.0%和73.9%，并且玉米—番茄间作种植模式有利于番茄植株生长和坐果，可提升番茄产量，且玉米种植密度越高，效果越好。黄未末等（2020）研究发现马铃薯播种初期间套作玉米能在一定程度上阻隔马铃薯甲虫的定殖扩散，马铃薯甲虫幼虫量显著低于马铃薯单作，此外，间套作玉米中天敌昆虫异色瓢虫（*Harmonia axyridis*）显著高于马铃薯单作。与单作相比，玉米—大豆间作显著降低了标准肥料和减半肥料处理下玉米和大豆害虫群落的物种数、多样性指数和均匀度指数，有效提高玉米产量，降低虫害发生（李立坤等，2019）。此外，利用玉米作为间套作作物还同时具备控制病虫害发生和增产的双重效果。与玉米单作相比，玉米—大豆间作能够显著降低亚洲玉米螟（*Ostrinia furnacalis*）F_2代虫口数量和为害程度，与玉米单作相比，玉米—大豆间作模式下玉米百粒重虽然降低，但玉米单位面积产量能够提高9.95%以上（常玉明等，2021）。高粱—玉米间套作不仅能显著降低3种夜蛾的为害，而且使高粱和玉米分别增产49%和26%（Vergara et al.，2001）。本研究发现，与木薯单作相比，无论是抗虫木薯品种SC9还是感虫木薯品种SC205与甜玉米YT29间套作均能显著降低螨害指数，而且提高了木薯产量，与上述研究结果一致。此外，从控害效果看，抗虫木薯与甜玉米的间套作要高于感虫木薯品种与甜玉米间套作，推测这可能是由于SC9能显著抑制二斑叶螨的发育从而对二斑叶螨取食表现出不适应性，而SC205和YT29对二斑叶螨取食表现出适应性，最终导致二斑叶螨在木薯上为害程度显著降低。

相同间套作模式下，不同作物布局方式具有不同的有害生物调控效果。如与单作茄子相比，茄子和大蒜按1∶1、2∶1或4∶1间作均可降低截形叶螨（*T. truncatus*）自然发生数量，其中1∶1

和2∶1间作模式对截形叶螨种群控制效果显著高于4∶1的间作模式（王玲等，2016）。陈明等（2007）研究发现，与常规单作棉田相比，间作苜蓿的棉田内瓢虫、蜘蛛和草蛉等天敌种群数量大幅度增加，显著提高了对棉蚜（*Aphis gossypii*）的防控效果，其中每隔1膜棉花间作1行苜蓿的调控效果好于每隔2膜棉花间作1行苜蓿和每隔3膜棉花间作1行苜蓿的模式。安瞳昕等（2011）研究发现玉米与甘蓝以2∶4带型间作种植后，玉米锈病、玉米小斑病和甘蓝霜霉病的平均病情指数均低于其他种植模式，小菜蛾虫口密度也明显低于1∶4带型及其他种植模式；玉米与辣椒以2∶4带型间作种植后，间作辣椒霜霉病、桃蚜及棉铃虫虫口密度均低于辣椒单作田；玉米与甘蓝、辣椒以2∶4带型种植对玉米、甘蓝和辣椒主要病虫害具有明显的控制作用。本研究也发现，无论是抗虫木薯品种SC9还是感虫木薯品种SC205与甜玉米YT29间套作，均以4行甜玉米间作1行木薯的模式为最佳，并且前者的控害效果也大于后者。对于特定的间套作模式，其对有害生物的调控效果往往依赖于作物的种类、品种和田间布局方式。

本研究结果表明，抗虫木薯品种SC9与甜玉米品种YT29按照4/YT29-2/SC9的模式间套作对二斑叶螨具有良好的调控效果，该控害增产模式可以在我国木薯产区推广应用。田间天敌种群数量的消长，作物营养条件的改善和光合效率的提高，诱集植物对有害生物的吸引和趋避等功能均与间套作模式的控害增产机制密切相关（沈君辉等，2007），后续研究将重点阐明上述因素在木薯—甜玉米间套作调控二斑叶螨控害机理中的作用。

参考文献（略）

本文原载　植物保护学报，2022，49（5）：1536-1544

附录2

木薯害虫、害螨种类及分布与为害（截至2022年12月）

序号	害虫、害螨	分类	分布与为害
1	木薯单爪螨 （Mononychellus tanajoa）	蜱螨目叶螨科	海南++++、云南++++、广西++++、广东++
2	麦氏单爪螨 （Mononychellus mcgregori）	蜱螨目叶螨科	海南++++、云南++++、广西++++、广东++
3	二斑叶螨 （Tetranychus urticae）	蜱螨目叶螨科	海南++++、广西++++、广东++++、云南++++、福建++++、江西+++
4	朱砂叶螨 （Tetranychus cinnabarinus）	蜱螨目叶螨科	海南++++、广西++++、广东+++、云南++++、福建+++、江西+++、湖南+++
5	非洲真叶螨 （Euetranychus africanus）	蜱螨目叶螨科	海南++、广西++、广东++、云南++

（续表）

序号	害虫、害螨	分类	分布与为害
6	截形叶螨（Tetranychus truncatus）	蜱螨目叶螨科	海南++、广西++、广东++、云南++
7	六点始叶螨（Eotetranychus sexmaculatus）	蜱螨目叶螨科	海南+、广东+、云南+
8	螺旋粉虱（Aleurodicus disperses）	半翅目粉虱科	海南+++
9	烟粉虱（Bemisia tabaci）	半翅目粉虱科	海南+、广西+、广东+、云南+、福建+、江西+、湖南+
10	白粉虱（Trialeurodes vaporariorum）	半翅目粉虱科	海南+、广西+、广东+、云南+、福建+、江西+、湖南+
11	木薯绵粉蚧（Phenacoccus manihoti）	半翅目粉蚧科	海南+++、广西+++、广东+++、云南+++
12	木瓜秀粉蚧（Paracoccus marginatus）	半翅目粉蚧科	海南++++、广西++++、广东++++、云南++++、福建++
13	美地绵粉蚧（Phenacoccus madeirensis）	半翅目粉蚧科	海南++++、广西++++、广东++++、云南++++、福建+++

（续表）

序号	害虫、害螨	分类	分布与为害
14	双条拂粉蚧（*Ferrisia virgata*）	半翅目粉蚧科	海南++、广西++、广东++、云南++、福建++
15	康氏粉蚧（*Pseudococcus comstocki*）	半翅目粉蚧科	海南+、广西+、广东+、云南+、福建+、江西+、湖南+
16	橡副珠蜡蚧（*Parasaissetia nigra*）	半翅目蜡蚧科	海南+++、广西+++、广东+++、云南+++
17	橘绿绵蚧（*Chloropulvinaria aurantii*）	半翅目蜡蚧科	海南+、广西+、广东+、云南+、福建+、江西+、湖南+
18	褐软蜡蚧（*Coccus hesperidum*）	半翅目蜡蚧科	海南+、广西+、广东+、云南+、福建+、江西+、湖南+
19	椰圆蚧（*Aspidiotus destructor*）	半翅目盾蚧科	海南+
20	白蛎蚧（*Aonidomytilus albus*）	半翅目盾蚧科	海南++++、广西++、广东+++、云南++++、福建++
21	矢尖盾蚧（*Unaspis yanonensis*）	半翅目盾蚧科	海南+、广西+、广东+、云南+、福建+、江西+、湖南+

（续表）

序号	害虫、害螨	分类	分布与为害
22	棉蚜 （*Aphis gossypii*）	半翅目蚜科	海南+、广西+、广东+、云南+、福建+、江西+、湖南+
23	广翅蜡蝉 （*Ricania speculum*）	半翅目广翅蜡蝉科	海南+、广西+、广东+、云南+、福建+、江西+、湖南+
24	白蛾蜡蝉 （*Lawana imitate*）	半翅目蛾蜡蝉科	海南+、广西+、广东+、云南+、福建+、江西+、湖南+
25	稻赤斑沫蝉 （*Callitetix versicolor*）	半翅目沫蝉科	海南+、广西+、广东+、云南+、福建+、江西+、湖南+
26	小绿叶蝉 （*Empoasca flavescens*）	半翅目叶蝉科	海南+、广西+、广东+、云南+、福建+、江西+、湖南+
27	绿盲蝽 （*Apolygus lucorum*）	半翅目盲蝽科	海南+、广西+、广东+、云南+、福建+、江西+、湖南+
28	稻绿蝽 （*Nezara viridula*）	半翅目蝽科	海南+、广西+、广东+、云南+、福建+、江西+、湖南+
29	麻皮蝽 （*Erthesina fullo*）	半翅目蝽科	海南+、广西+、广东+、云南+、福建+、江西+、湖南+

（续表）

序号	害虫、害螨	分类	分布与为害
30	异稻缘蝽 （Leptocorisa varicornis）	半翅目缘蝽科	海南+、广西+、广东+、云南+、福建+、江西+、湖南+
31	稻棘缘蝽 （Cletus punctiger）	半翅目缘蝽科	海南+、广西+、广东+、云南+、福建+、江西+、湖南+
32	丽盾蝽 （Chrysocoris grandis）	半翅目盾蝽科	海南+、广西+、广东+、云南+、福建+、江西+、湖南+
33	蔗根锯天牛 （Dorysthenes granulosus）	鞘翅目天牛科	海南++++、广西++++、广东+++、云南++++、福建+++
34	铜绿丽金龟 （Anomala corpulenta）	鞘翅目丽金龟科	海南++++、广西++++、广东++、云南++++、福建++、江西++、湖南++
35	橡胶木犀金龟 （Xylotrupes gideon）	鞘翅目犀金龟科	海南++++、广东+++、云南++++
36	痣鳞鳃金龟 （Lepidiota stigma）	鞘翅目鳃金龟科	海南++++、广西++++、广东+++、云南++++
37	华南大黑鳃金龟 （Holotrichia sauteri）	鞘翅目鳃金龟科	海南++++、广西++++、广东+++、云南++

（续表）

序号	害虫、害螨	分类	分布与为害
38	小青花金龟 （Oxycetonia jucunda）	鞘翅目花金龟科	海南+++、广西+++、广东+++、云南+++
39	绿鳞象甲 （Hypomeces squamosus）	鞘翅目象甲科	海南+、广西+、广东+、云南+
40	黄守瓜 （Aulacophora femoralis）	鞘翅目叶甲科	海南+、广西+、广东+、云南+、福建+、江西+、湖南+
41	黑守瓜 （Aulacophora lewisii）	鞘翅目叶甲科	海南+、广西+、广东+、云南+、福建+、江西+、湖南+
42	大猿叶甲 （Colaphellus bowringi）	鞘翅目叶甲科	海南+、广西+、广东+、云南+、福建+、江西+、湖南+
43	小猿叶甲 （Phaedon brassicae）	鞘翅目叶甲科	海南+、广西+、广东+、云南+、福建+、江西+、湖南+
44	茄二十八星瓢虫 （Henosepilachna vigintioctopunctata）	鞘翅目瓢甲科	海南+、广西+、广东+、云南+
45	四纹沟胸叶蚤 （Hemipyxis quadrimaculata）	鞘翅目金花虫科	海南+、广西+、广东+、云南+

（续表）

序号	害虫、害螨	分类	分布与为害
46	横纹瘤额叶蚤（*Phygasia ornata*）	鞘翅目金花虫科	海南+、广西+、广东+、云南+
47	米象（*Sitophilus oryzae*）	鞘翅目象虫科	海南+、广西+、广东+、云南+、福建+、江西+、湖南+
48	象鼻虫（*Elaeidobius kamerunicus*）	鞘翅目象鼻虫科	海南+、广西+、广东+、云南+、福建+、江西+、湖南+
49	赤拟谷盗（*Tribolium castaneum*）	鞘翅目拟步甲科	海南+、广西+、广东+、云南+、福建+、江西+、湖南+
50	双钩异翅长蠹（*Heterobostrychus aequalis*）	鞘翅目长蠹科	海南+、广西+、广东+、云南+、福建+、江西+、湖南+
51	细胸金针虫（*Agriotes fuscicollis*）	鞘翅目叩甲科	海南+、广西+、广东+、云南+、福建+、江西+、湖南+
52	草地贪夜蛾（*Spodoptera frugiperda*）	鳞翅目夜蛾科	海南+++、广西++、广东++、云南+++
53	棉铃虫（*Helicoverpa armigera*）	鳞翅目夜蛾科	海南+++、广西++、广东+、云南+、福建+、江西+++、湖南+++

（续表）

序号	害虫、害螨	分类	分布与为害
54	银纹夜蛾（*Argyrogramma agnata*）	鳞翅目夜蛾科	海南+、广西+、广东+、云南+、福建+、江西+、湖南+
55	斜纹夜蛾（*Spodoptera litura*）	鳞翅目夜蛾科	海南+++、广西++、广东+、云南+、福建+、江西+++、湖南+++
56	甜菜夜蛾（*Spodoptera exigua*）	鳞翅目夜蛾科	海南+、云南+
57	大钩翅尺蛾（*Hyposidra talaca*）	鳞翅目尺蛾科	海南+、广西+、广东+、云南+、福建+、江西+、湖南+
58	绿额翠尺蛾（*Thalassodes proquadraria*）	鳞翅目尺蛾科	海南+、广西+、广东+、云南+、福建+、江西+、湖南+
59	荔枝茸毒蛾（*Dasychira* sp.）	鳞翅目毒蛾科	海南+、广西+、广东+、云南+、福建+、江西+、湖南+
60	大茸毒蛾（*Dasychira thwaitesi*）	鳞翅目毒蛾科	海南+、广西+、广东+、云南+、福建+、江西+、湖南+
61	小白纹毒蛾（*Orgyia postica*）	鳞翅目毒蛾科	海南+、广西+、广东+、云南+、福建+、江西+、湖南+

（续表）

序号	害虫、害螨	分类	分布与为害
62	丽绿刺蛾（Latoia lepida）	鳞翅目刺蛾科	海南+、广西+、广东+、云南+、福建+、江西+、湖南+
63	黄刺蛾（Cnidocampa flavescens）	鳞翅目刺蛾科	海南+、广西+、广东+、云南+、福建+、江西+、湖南+
64	扁刺蛾（Thosea sinensis）	鳞翅目刺蛾科	海南+、广西+、广东+、云南+、福建+、江西+、湖南+
65	茶鹿蛾（Amata germana）	鳞翅目鹿蛾科	海南+、广西+、广东+、云南+、福建+、江西+、湖南+
66	黛蓑蛾（Dappula tertia）	鳞翅目蓑蛾科	海南+、广西+、广东+、云南+、福建+、江西+、湖南+
67	大蓑蛾（Clania variegata）	鳞翅目蓑蛾科	海南+、广西+、广东+、云南+、福建+、江西+、湖南+
68	尖蛾（Opogona sp.）	鳞翅目尖蛾科	海南+、广西+、广东+、云南+、福建+、江西+、湖南+
69	棉蝗（Chondracris rosea）	直翅目蝗科	海南+、广西+、广东+、云南+、福建+、江西+、湖南+

（续表）

序号	害虫、害螨	分类	分布与为害
70	短额负蝗 （Atractomorpha sinensis）	直翅目锥头蝗科	海南+、广西+、广东+、云南+、福建+、江西+、湖南+
71	疣蝗 （Trilophidia annulata）	直翅目斑翅蝗科	海南+、广西+、广东+、云南+、福建+、江西+、湖南+
72	掩耳螽 （Elimaea sp.）	直翅目露螽科	海南+、广西+、广东+、云南+、福建+、江西+、湖南+
73	中华螽斯 （Tettigonia chinensis）	直翅目螽斯科	海南+、广西+、广东+、云南+、福建+、江西+、湖南+
74	中华蟋蟀 （Gryllus chinensis）	直翅目蟋蟀科	海南+、广西+、广东+、云南+、福建+、江西+、湖南+
75	东方蝼蛄 （Gryllotalpa orientalis）	直翅目蝼蛄科	海南+、广西+、广东+、云南+、福建+、江西+、湖南+
76	西花蓟马 （Frankliniella occidentalis）	缨翅目蓟马科	海南+、广西+、广东+、云南+、福建+
77	花蓟马 （Frankliniella intonsa）	缨翅目蓟马科	海南+、广西+、广东+、云南+、福建+、江西+、湖南+

（续表）

序号	害虫、害螨	分类	分布与为害
78	棕榈蓟马（Thrips palmi）	缨翅目蓟马科	海南+、广东+、广西+、云南+、福建+、江西+、湖南+
79	黄蓟马（Thrips flavus）	缨翅目蓟马科	海南+、广东+、广西+、云南+、福建+、江西+、湖南+
80	黄长脚蜂（Polistes rothneyi）	膜翅目胡蜂科	海南+、广东+、广西+、云南+、福建+、江西+、湖南+
81	瘿蜂（Cynipinae）	膜翅目瘿蜂科	海南+、广东+、广西+、云南+、福建+、江西+、湖南+
82	瘿蚊（Diarthronomyia chrysanthemi）	双翅目瘿蚊科	海南+、广东+、广西+、云南+、福建+、江西+、湖南+
83	大家白蚁（Coptotermes curvignathus）	等翅目鼻白蚁科	海南+、广东+、广西+、云南+、福建+、江西+、湖南+

注：+为轻度为害，++为中度为害，+++为严重为害。

15种外来入侵种为木薯单爪螨、麦氏单爪螨、二斑叶螨、非洲真叶螨、六点始叶螨、木薯绵粉蚧、木瓜秀粉蚧、美地绵粉蚧、橡副珠蜡蚧、螺旋粉虱、烟粉虱、双钩异翅长蠹、草地贪夜蛾、西花蓟马、棕榈蓟马。

附录3

禁限用农药品种目录

为保障农业生产安全、农产品质量安全和生态环境安全，有效预防、控制和降低农药使用风险，我国对于农药方面的监管越来越严，农业农村部及相关主管当局陆续发布了许多禁用和限用的农药产品清单。

1.禁止（停止）使用的农药（50种）

> 六六六、滴滴涕、毒杀芬、二溴氯丙烷、杀虫脒、二溴乙烷、除草醚、艾氏剂、狄氏剂、汞制剂、砷类、铅类、敌枯双、氟乙酰胺、甘氟、毒鼠强、氟乙酸钠、毒鼠硅、甲胺磷、对硫磷、甲基对硫磷、久效磷、磷胺、苯线磷、地虫硫磷、甲基硫环磷、磷化钙、磷化镁、磷化锌、硫线磷、蝇毒磷、治螟磷、特丁硫磷、氯磺隆、胺苯磺隆、甲磺隆、福美胂、福美甲胂、三氯杀螨醇、林丹、硫丹、溴甲烷、氟虫胺、杀扑磷、百草枯、2,4-滴丁酯、甲拌磷、甲基异柳磷、水胺硫磷、灭线磷。

注：2,4-滴丁酯自2023年1月29日起禁止使用。溴甲烷可用于"检疫熏蒸处理"。杀扑磷已无制剂登记。甲拌磷、甲基异柳磷、水胺硫磷、灭线磷，自2024年9月1日起禁止销售和使用。

2. 在部分范围禁止使用的农药（20种）

通用名	禁止使用范围
甲拌磷、甲基异柳磷、克百威、水胺硫磷、氧乐果、灭多威、涕灭威、灭线磷	禁止在蔬菜、瓜果、茶叶、菌类、中草药材上使用，禁止用于防治卫生害虫。禁止用于水生植物的病虫害防治
甲拌磷、甲基异柳磷、克百威	禁止在甘蔗作物上使用
内吸磷、硫环磷、氯唑磷	禁止在蔬菜、瓜果、茶叶、中草药材上使用
乙酰甲胺磷、丁硫克百威、乐果	禁止在蔬菜、瓜果、茶叶、菌类和中草药材上使用
毒死蜱、三唑磷	禁止在蔬菜上使用
丁酰肼（比久）	禁止在花生上使用
氰戊菊酯	禁止在茶叶上使用
氟虫腈	禁止在所有农作物上使用（玉米等部分旱田种子包衣除外）
氟苯虫酰胺	禁止在水稻上使用

3. 其他注意事项

《农药管理条例》第三十四条对农药禁限用方面也作出了相关规定：农药使用者应当严格按照农药的标签标注的使用范围、使用方法和剂量、使用技术要求和注意事项使用农药，不得扩大使用范围、加大用药剂量或者改变使用方法；农药使用者不得使用禁用的农药；标签标注安全间隔期的农药，在农产品收获前应当按照安全间隔期的要求停止使用；剧毒、高毒农药不得用于防治卫生害虫，不得用于蔬菜、瓜果、茶叶、菌类、中草药材的生产，不得用于水生植物的病虫害防治。

　　企业应严格遵守该规定，如使用禁用的农药或者超出农药登记批准使用范围的农药，均按照假农药处理，除面临罚款外，情节严重的由发证机关吊销农药生产许可证和相应的农药登记证，构成犯罪的，依法追究刑事责任。

附录4

农药管理条例

（1997年5月8日中华人民共和国国务院令第216号发布　根据2001年11月29日《国务院关于修改〈农药管理条例〉的决定》第一次修订　2017年2月8日国务院第164次常务会议修订通过　根据2022年3月29日《国务院关于修改和废止部分行政法规的决定》第二次修订）

第一章　总　则

第一条　为了加强农药管理，保证农药质量，保障农产品质量安全和人畜安全，保护农业、林业生产和生态环境，制定本条例。

第二条　本条例所称农药，是指用于预防、控制危害农业、林业的病、虫、草、鼠和其他有害生物以及有目的地调节植物、昆虫生长的化学合成或者来源于生物、其他天然物质的一种物质或者几种物质的混合物及其制剂。

前款规定的农药包括用于不同目的、场所的下列各类：

（一）预防、控制危害农业、林业的病、虫（包括昆虫、蜱、螨）、草、鼠、软体动物和其他有害生物；

（二）预防、控制仓储以及加工场所的病、虫、鼠和其他有害生物；

（三）调节植物、昆虫生长；

（四）农业、林业产品防腐或者保鲜；

（五）预防、控制蚊、蝇、蜚蠊、鼠和其他有害生物；

（六）预防、控制危害河流堤坝、铁路、码头、机场、建筑物和其他场所的有害生物。

第三条　国务院农业主管部门负责全国的农药监督管理工作。

县级以上地方人民政府农业主管部门负责本行政区域的农药监督管理工作。

县级以上人民政府其他有关部门在各自职责范围内负责有关的农药监督管理工作。

第四条　县级以上地方人民政府应当加强对农药监督管理工作的组织领导，将农药监督管理经费列入本级政府预算，保障农药监督管理工作的开展。

第五条　农药生产企业、农药经营者应当对其生产、经营的农药的安全性、有效性负责，自觉接受政府监管和社会监督。

农药生产企业、农药经营者应当加强行业自律，规范生产、经营行为。

第六条　国家鼓励和支持研制、生产、使用安全、高效、经济的农药，推进农药专业化使用，促进农药产业升级。

对在农药研制、推广和监督管理等工作中作出突出贡献的单位和个人，按照国家有关规定予以表彰或者奖励。

第二章　农药登记

第七条　国家实行农药登记制度。农药生产企业、向中国出口农药的企业应当依照本条例的规定申请农药登记，新农药研制者可以依照本条例的规定申请农药登记。

国务院农业主管部门所属的负责农药检定工作的机构负责农药登记具体工作。省、自治区、直辖市人民政府农业主管部门所属的负责农药检定工作的机构协助做好本行政区域的农药登记具体工作。

第八条 国务院农业主管部门组织成立农药登记评审委员会，负责农药登记评审。

农药登记评审委员会由下列人员组成：

（一）国务院农业、林业、卫生、环境保护、粮食、工业行业管理、安全生产监督管理等有关部门和供销合作总社等单位推荐的农药产品化学、药效、毒理、残留、环境、质量标准和检测等方面的专家；

（二）国家食品安全风险评估专家委员会的有关专家；

（三）国务院农业、林业、卫生、环境保护、粮食、工业行业管理、安全生产监督管理等有关部门和供销合作总社等单位的代表。

农药登记评审规则由国务院农业主管部门制定。

第九条 申请农药登记的，应当进行登记试验。

农药的登记试验应当报所在地省、自治区、直辖市人民政府农业主管部门备案。

第十条 登记试验应当由国务院农业主管部门认定的登记试验单位按照国务院农业主管部门的规定进行。

与已取得中国农药登记的农药组成成分、使用范围和使用方法相同的农药，免予残留、环境试验，但已取得中国农药登记的农药依照本条例第十五条的规定在登记资料保护期内的，应当经农药登记证持有人授权同意。

登记试验单位应当对登记试验报告的真实性负责。

第十一条 登记试验结束后，申请人应当向所在地省、自治区、直辖市人民政府农业主管部门提出农药登记申请，并提交登记试验报告、标签样张和农药产品质量标准及其检验方法等申请资料；申请新农药登记的，还应当提供农药标准品。

省、自治区、直辖市人民政府农业主管部门应当自受理申请之日起20个工作日内提出初审意见，并报送国务院农业主管部门。

向中国出口农药的企业申请农药登记的，应当持本条第一款规定的资料、农药标准品以及在有关国家（地区）登记、使用的证明材料，向国务院农业主管部门提出申请。

第十二条 国务院农业主管部门受理申请或者收到省、自治区、直辖市人民政府农业主管部门报送的申请资料后，应当组织审查和登记评审，并自收到评审意见之日起20个工作日内作出审批决定，符合条件的，核发农药登记证；不符合条件的，书面通知申请人并说明理由。

第十三条 农药登记证应当载明农药名称、剂型、有效成分及其含量、毒性、使用范围、使用方法和剂量、登记证持有人、登记证号以及有效期等事项。

农药登记证有效期为5年。有效期届满，需要继续生产农药或者向中国出口农药的，农药登记证持有人应当在有效期届满90日前向国务院农业主管部门申请延续。

农药登记证载明事项发生变化的，农药登记证持有人应当按照国务院农业主管部门的规定申请变更农药登记证。

国务院农业主管部门应当及时公告农药登记证核发、延续、变更情况以及有关的农药产品质量标准号、残留限量规定、检验方法、经核准的标签等信息。

第十四条 新农药研制者可以转让其已取得登记的新农药的登记资料；农药生产企业可以向具有相应生产能力的农药生产企业转让其已取得登记的农药的登记资料。

第十五条 国家对取得首次登记的、含有新化合物的农药的申请人提交的其自己所取得且未披露的试验数据和其他数据实施保护。

自登记之日起6年内，对其他申请人未经已取得登记的申请人同意，使用前款规定的数据申请农药登记的，登记机关不予登记；但是，其他申请人提交其自己所取得的数据的除外。

除下列情况外，登记机关不得披露本条第一款规定的数据：

（一）公共利益需要；

（二）已采取措施确保该类信息不会被不正当地进行商业使用。

第三章 农药生产

第十六条 农药生产应当符合国家产业政策。国家鼓励和支持农药生产企业采用先进技术和先进管理规范，提高农药的安全性、有效性。

第十七条 国家实行农药生产许可制度。农药生产企业应当具备下列条件，并按照国务院农业主管部门的规定向省、自治区、直辖市人民政府农业主管部门申请农药生产许可证：

（一）有与所申请生产农药相适应的技术人员；

（二）有与所申请生产农药相适应的厂房、设施；

（三）有对所申请生产农药进行质量管理和质量检验的人员、仪器和设备；

（四）有保证所申请生产农药质量的规章制度。

省、自治区、直辖市人民政府农业主管部门应当自受理申请之日起20个工作日内作出审批决定，必要时应当进行实地核查。符合条件的，核发农药生产许可证；不符合条件的，书面通知申请人并说明理由。

安全生产、环境保护等法律、行政法规对企业生产条件有其他规定的，农药生产企业还应当遵守其规定。

第十八条　农药生产许可证应当载明农药生产企业名称、住所、法定代表人（负责人）、生产范围、生产地址以及有效期等事项。

农药生产许可证有效期为5年。有效期届满，需要继续生产农药的，农药生产企业应当在有效期届满90日前向省、自治区、直辖市人民政府农业主管部门申请延续。

农药生产许可证载明事项发生变化的，农药生产企业应当按照国务院农业主管部门的规定申请变更农药生产许可证。

第十九条　委托加工、分装农药的，委托人应当取得相应的农药登记证，受托人应当取得农药生产许可证。

委托人应当对委托加工、分装的农药质量负责。

第二十条　农药生产企业采购原材料，应当查验产品质量检验合格证和有关许可证明文件，不得采购、使用未依法附具产品质量检验合格证、未依法取得有关许可证明文件的原材料。

农药生产企业应当建立原材料进货记录制度，如实记录原材料的名称、有关许可证明文件编号、规格、数量、供货人名称及其联系方式、进货日期等内容。原材料进货记录应当保存2年以上。

第二十一条　农药生产企业应当严格按照产品质量标准进行生产，确保农药产品与登记农药一致。农药出厂销售，应当经质量检验合格并附具产品质量检验合格证。

农药生产企业应当建立农药出厂销售记录制度，如实记录农药的名称、规格、数量、生产日期和批号、产品质量检验信息、购货人名称及其联系方式、销售日期等内容。农药出厂销售记录应当保存2年以上。

第二十二条　农药包装应当符合国家有关规定，并印制或者贴有标签。国家鼓励农药生产企业使用可回收的农药包装材料。

农药标签应当按照国务院农业主管部门的规定，以中文标注农药的名称、剂型、有效成分及其含量、毒性及其标识、使用范围、使用方法和剂量、使用技术要求和注意事项、生产日期、可追溯电子信息码等内容。

剧毒、高毒农药以及使用技术要求严格的其他农药等限制使用农药的标签还应当标注"限制使用"字样，并注明使用的特别限制和特殊要求。用于食用农产品的农药的标签还应当标注安全间隔期。

第二十三条　农药生产企业不得擅自改变经核准的农药的标签内容，不得在农药的标签中标注虚假、误导使用者的内容。

农药包装过小，标签不能标注全部内容的，应当同时附具说明书，说明书的内容应当与经核准的标签内容一致。

第四章　农药经营

第二十四条　国家实行农药经营许可制度，但经营卫生用农药的除外。农药经营者应当具备下列条件，并按照国务院农业主管部门的规定向县级以上地方人民政府农业主管部门申请农药经营许可证：

（一）有具备农药和病虫害防治专业知识，熟悉农药管理规定，能够指导安全合理使用农药的经营人员；

（二）有与其他商品以及饮用水水源、生活区域等有效隔离的营业场所和仓储场所，并配备与所申请经营农药相适应的防护设施；

（三）有与所申请经营农药相适应的质量管理、台账记录、安全防护、应急处置、仓储管理等制度。

经营限制使用农药的，还应当配备相应的用药指导和病虫害防治专业技术人员，并按照所在地省、自治区、直辖市人民政府农业主管部门的规定实行定点经营。

县级以上地方人民政府农业主管部门应当自受理申请之日起20个工作日内作出审批决定。符合条件的，核发农药经营许可证；不符合条件的，书面通知申请人并说明理由。

第二十五条　农药经营许可证应当载明农药经营者名称、住所、负责人、经营范围以及有效期等事项。

农药经营许可证有效期为5年。有效期届满，需要继续经营农药的，农药经营者应当在有效期届满90日前向发证机关申请延续。

农药经营许可证载明事项发生变化的，农药经营者应当按照国务院农业主管部门的规定申请变更农药经营许可证。

取得农药经营许可证的农药经营者设立分支机构的，应当依法申请变更农药经营许可证，并向分支机构所在地县级以上地方人民政府农业主管部门备案，其分支机构免予办理农药经营许可证。农药经营者应当对其分支机构的经营活动负责。

第二十六条 农药经营者采购农药应当查验产品包装、标签、产品质量检验合格证以及有关许可证明文件，不得向未取得农药生产许可证的农药生产企业或者未取得农药经营许可证的其他农药经营者采购农药。

农药经营者应当建立采购台账，如实记录农药的名称、有关许可证明文件编号、规格、数量、生产企业和供货人名称及其联系方式、进货日期等内容。采购台账应当保存2年以上。

第二十七条 农药经营者应当建立销售台账，如实记录销售农药的名称、规格、数量、生产企业、购买人、销售日期等内容。销售台账应当保存2年以上。

农药经营者应当向购买人询问病虫害发生情况并科学推荐农药，必要时应当实地查看病虫害发生情况，并正确说明农药的使用范围、使用方法和剂量、使用技术要求和注意事项，不得误导购买人。

经营卫生用农药的，不适用本条第一款、第二款的规定。

第二十八条 农药经营者不得加工、分装农药，不得在农药中添加任何物质，不得采购、销售包装和标签不符合规定，未附具产品质量检验合格证，未取得有关许可证明文件的农药。

经营卫生用农药的，应当将卫生用农药与其他商品分柜销售；经营其他农药的，不得在农药经营场所内经营食品、食用农产品、饲料等。

第二十九条 境外企业不得直接在中国销售农药。境外企业在中国销售农药的，应当依法在中国设立销售机构或者委托符合条件的中国代理机构销售。

向中国出口的农药应当附具中文标签、说明书，符合产品质量标准，并经出入境检验检疫部门依法检验合格。禁止进口未取得农药登记证的农药。

办理农药进出口海关申报手续，应当按照海关总署的规定出示相关证明文件。

第五章 农药使用

第三十条 县级以上人民政府农业主管部门应当加强农药使用指导、服务工作，建立健全农药安全、合理使用制度，并按照预防为主、综合防治的要求，组织推广农药科学使用技术，规范农药使用行为。林业、粮食、卫生等部门应当加强对林业、储粮、卫生用农药安全、合理使用的技术指导，环境保护主管部门应当加强对农药使用过程中环境保护和污染防治的技术指导。

第三十一条 县级人民政府农业主管部门应当组织植物保护、农业技术推广等机构向农药使用者提供免费技术培训，提高农药安全、合理使用水平。

国家鼓励农业科研单位、有关学校、农民专业合作社、供销合作社、农业社会化服务组织和专业人员为农药使用者提供技术服务。

第三十二条 国家通过推广生物防治、物理防治、先进施药器械等措施，逐步减少农药使用量。

县级人民政府应当制定并组织实施本行政区域的农药减量计划；对实施农药减量计划、自愿减少农药使用量的农药使用者，给予鼓励和扶持。

县级人民政府农业主管部门应当鼓励和扶持设立专业化病虫害防治服务组织，并对专业化病虫害防治和限制使用农药的配药、用药进行指导、规范和管理，提高病虫害防治水平。

县级人民政府农业主管部门应当指导农药使用者有计划地轮换使用农药，减缓危害农业、林业的病、虫、草、鼠和其他有害生物的抗药性。

乡、镇人民政府应当协助开展农药使用指导、服务工作。

第三十三条 农药使用者应当遵守国家有关农药安全、合理使用制度，妥善保管农药，并在配药、用药过程中采取必要的防护措施，避免发生农药使用事故。

限制使用农药的经营者应当为农药使用者提供用药指导，并逐步提供统一用药服务。

第三十四条 农药使用者应当严格按照农药的标签标注的使用范围、使用方法和剂量、使用技术要求和注意事项使用农药，不得扩大使用范围、加大用药剂量或者改变使用方法。

农药使用者不得使用禁用的农药。

标签标注安全间隔期的农药，在农产品收获前应当按照安全间隔期的要求停止使用。

剧毒、高毒农药不得用于防治卫生害虫，不得用于蔬菜、瓜果、茶叶、菌类、中草药材的生产，不得用于水生植物的病虫害防治。

第三十五条 农药使用者应当保护环境，保护有益生物和珍稀物种，不得在饮用水水源保护区、河道内丢弃农药、农药包装物或者清洗施药器械。

严禁在饮用水水源保护区内使用农药，严禁使用农药毒鱼、虾、鸟、兽等。

第三十六条 农产品生产企业、食品和食用农产品仓储企业、专业化病虫害防治服务组织和从事农产品生产的农民专业合作社等应当建立农药使用记录，如实记录使用农药的时间、地点、对象以及农药名称、用量、生产企业等。农药使用记录应当保存2年以上。

国家鼓励其他农药使用者建立农药使用记录。

第三十七条 国家鼓励农药使用者妥善收集农药包装物等废弃物；农药生产企业、农药经营者应当回收农药废弃物，防止农药污染环境和农药中毒事故的发生。具体办法由国务院环境保护主管部门会同国务院农业主管部门、国务院财政部门等部门制定。

第三十八条 发生农药使用事故，农药使用者、农药生产企业、农药经营者和其他有关人员应当及时报告当地农业主管部门。

接到报告的农业主管部门应当立即采取措施，防止事故扩大，同时通知有关部门采取相应措施。造成农药中毒事故的，由农业主管部门和公安机关依照职责权限组织调查处理，卫生主管部门应当按照国家有关规定立即对受到伤害的人员组织医疗救治；造成环境污染事故的，由环境保护等有关部门依法组织调查处理；造成储粮药剂使用事故和农作物药害事故的，分别由粮食、农业等部门组织技术鉴定和调查处理。

第三十九条 因防治突发重大病虫害等紧急需要，国务院农业主管部门可以决定临时生产、使用规定数量的未取得登记或者禁用、限制使用的农药，必要时应当会同国务院对外贸易主管部门决定临时限制出口或者临时进口规定数量、品种的农药。

前款规定的农药，应当在使用地县级人民政府农业主管部门的监督和指导下使用。

第六章　监督管理

第四十条　县级以上人民政府农业主管部门应当定期调查统计农药生产、销售、使用情况，并及时通报本级人民政府有关部门。

县级以上地方人民政府农业主管部门应当建立农药生产、经营诚信档案并予以公布；发现违法生产、经营农药的行为涉嫌犯罪的，应当依法移送公安机关查处。

第四十一条　县级以上人民政府农业主管部门履行农药监督管理职责，可以依法采取下列措施：

（一）进入农药生产、经营、使用场所实施现场检查；

（二）对生产、经营、使用的农药实施抽查检测；

（三）向有关人员调查了解有关情况；

（四）查阅、复制合同、票据、账簿以及其他有关资料；

（五）查封、扣押违法生产、经营、使用的农药，以及用于违法生产、经营、使用农药的工具、设备、原材料等；

（六）查封违法生产、经营、使用农药的场所。

第四十二条　国家建立农药召回制度。农药生产企业发现其生产的农药对农业、林业、人畜安全、农产品质量安全、生态环境等有严重危害或者较大风险的，应当立即停止生产，通知有关经营者和使用者，向所在地农业主管部门报告，主动召回产品，并记录通知和召回情况。

农药经营者发现其经营的农药有前款规定的情形的，应当立即停止销售，通知有关生产企业、供货人和购买人，向所在地农业主管部门报告，并记录停止销售和通知情况。

农药使用者发现其使用的农药有本条第一款规定的情形

的，应当立即停止使用，通知经营者，并向所在地农业主管部门报告。

第四十三条　国务院农业主管部门和省、自治区、直辖市人民政府农业主管部门应当组织负责农药检定工作的机构、植物保护机构对已登记农药的安全性和有效性进行监测。

发现已登记农药对农业、林业、人畜安全、农产品质量安全、生态环境等有严重危害或者较大风险的，国务院农业主管部门应当组织农药登记评审委员会进行评审，根据评审结果撤销、变更相应的农药登记证，必要时应当决定禁用或者限制使用并予以公告。

第四十四条　有下列情形之一的，认定为假农药：

（一）以非农药冒充农药；

（二）以此种农药冒充他种农药；

（三）农药所含有效成分种类与农药的标签、说明书标注的有效成分不符。

禁用的农药，未依法取得农药登记证而生产、进口的农药，以及未附具标签的农药，按照假农药处理。

第四十五条　有下列情形之一的，认定为劣质农药：

（一）不符合农药产品质量标准；

（二）混有导致药害等有害成分。

超过农药质量保证期的农药，按照劣质农药处理。

第四十六条　假农药、劣质农药和回收的农药废弃物等应当交由具有危险废物经营资质的单位集中处置，处置费用由相应的农药生产企业、农药经营者承担；农药生产企业、农药经营者不明确的，处置费用由所在地县级人民政府财政列支。

第四十七条　禁止伪造、变造、转让、出租、出借农药登记证、农药生产许可证、农药经营许可证等许可证明文件。

第四十八条　县级以上人民政府农业主管部门及其工作人员和负责农药检定工作的机构及其工作人员，不得参与农药生产、经营活动。

第七章　法律责任

第四十九条　县级以上人民政府农业主管部门及其工作人员有下列行为之一的，由本级人民政府责令改正；对负有责任的领导人员和直接责任人员，依法给予处分；负有责任的领导人员和直接责任人员构成犯罪的，依法追究刑事责任：

（一）不履行监督管理职责，所辖行政区域的违法农药生产、经营活动造成重大损失或者恶劣社会影响；

（二）对不符合条件的申请人准予许可或者对符合条件的申请人拒不准予许可；

（三）参与农药生产、经营活动；

（四）有其他徇私舞弊、滥用职权、玩忽职守行为。

第五十条　农药登记评审委员会组成人员在农药登记评审中谋取不正当利益的，由国务院农业主管部门从农药登记评审委员会除名；属于国家工作人员的，依法给予处分；构成犯罪的，依法追究刑事责任。

第五十一条　登记试验单位出具虚假登记试验报告的，由省、自治区、直辖市人民政府农业主管部门没收违法所得，并处5万元以上10万元以下罚款；由国务院农业主管部门从登记试验单位中除名，5年内不再受理其登记试验单位认定申请；构成犯罪的，依法追究刑事责任。

第五十二条　未取得农药生产许可证生产农药或者生产假农药的，由县级以上地方人民政府农业主管部门责令停止生产，没收违法所得、违法生产的产品和用于违法生产的工具、设备、原材料等，违法生产的产品货值金额不足1万元的，并处5万元以上10万元以下罚款，货值金额1万元以上的，并处货值金额10倍以上20倍以下罚款，由发证机关吊销农药生产许可证和相应的农药登记证；构成犯罪的，依法追究刑事责任。

取得农药生产许可证的农药生产企业不再符合规定条件继续生产农药的，由县级以上地方人民政府农业主管部门责令限期整改；逾期拒不整改或者整改后仍不符合规定条件的，由发证机关吊销农药生产许可证。

农药生产企业生产劣质农药的，由县级以上地方人民政府农业主管部门责令停止生产，没收违法所得、违法生产的产品和用于违法生产的工具、设备、原材料等，违法生产的产品货值金额不足1万元的，并处1万元以上5万元以下罚款，货值金额1万元以上的，并处货值金额5倍以上10倍以下罚款；情节严重的，由发证机关吊销农药生产许可证和相应的农药登记证；构成犯罪的，依法追究刑事责任。

委托未取得农药生产许可证的受托人加工、分装农药，或者委托加工、分装假农药、劣质农药的，对委托人和受托人均依照本条第一款、第三款的规定处罚。

第五十三条　农药生产企业有下列行为之一的，由县级以上地方人民政府农业主管部门责令改正，没收违法所得、违法生产的产品和用于违法生产的原材料等，违法生产的产品货值金额不足1万元的，并处1万元以上2万元以下罚款，货值金额1万元以上的，并处货值金额2倍以上5倍以下罚款；拒不改正或者情节严重的，由发证机关吊销农药生产许可证和相应的农药登记证：

（一）采购、使用未依法附具产品质量检验合格证、未依法取得有关许可证明文件的原材料；

（二）出厂销售未经质量检验合格并附具产品质量检验合格证的农药；

（三）生产的农药包装、标签、说明书不符合规定；

（四）不召回依法应当召回的农药。

第五十四条 农药生产企业不执行原材料进货、农药出厂销售记录制度，或者不履行农药废弃物回收义务的，由县级以上地方人民政府农业主管部门责令改正，处1万元以上5万元以下罚款；拒不改正或者情节严重的，由发证机关吊销农药生产许可证和相应的农药登记证。

第五十五条 农药经营者有下列行为之一的，由县级以上地方人民政府农业主管部门责令停止经营，没收违法所得、违法经营的农药和用于违法经营的工具、设备等，违法经营的农药货值金额不足1万元的，并处5 000元以上5万元以下罚款，货值金额1万元以上的，并处货值金额5倍以上10倍以下罚款；构成犯罪的，依法追究刑事责任：

（一）违反本条例规定，未取得农药经营许可证经营农药；

（二）经营假农药；

（三）在农药中添加物质。

有前款第二项、第三项规定的行为，情节严重的，还应当由发证机关吊销农药经营许可证。

取得农药经营许可证的农药经营者不再符合规定条件继续经营农药的，由县级以上地方人民政府农业主管部门责令限期整改；逾期拒不整改或者整改后仍不符合规定条件的，由发证机关吊销农药经营许可证。

第五十六条 农药经营者经营劣质农药的，由县级以上地方人民政府农业主管部门责令停止经营，没收违法所得、违法经营的农药和用于违法经营的工具、设备等，违法经营的农药货值金额不足1万元的，并处2 000元以上2万元以下罚款，货值金额1万元以上的，并处货值金额2倍以上5倍以下罚款；情节严重的，由发证机关吊销农药经营许可证；构成犯罪的，依法追究刑事责任。

第五十七条 农药经营者有下列行为之一的，由县级以上地方人民政府农业主管部门责令改正，没收违法所得和违法经营的农药，并处5 000元以上5万元以下罚款；拒不改正或者情节严重的，由发证机关吊销农药经营许可证：

（一）设立分支机构未依法变更农药经营许可证，或者未向分支机构所在地县级以上地方人民政府农业主管部门备案；

（二）向未取得农药生产许可证的农药生产企业或者未取得农药经营许可证的其他农药经营者采购农药；

（三）采购、销售未附具产品质量检验合格证或者包装、标签不符合规定的农药；

（四）不停止销售依法应当召回的农药。

第五十八条 农药经营者有下列行为之一的，由县级以上地方人民政府农业主管部门责令改正；拒不改正或者情节严重的，处2 000元以上2万元以下罚款，并由发证机关吊销农药经营许可证：

（一）不执行农药采购台账、销售台账制度；

（二）在卫生用农药以外的农药经营场所内经营食品、食用农产品、饲料等；

（三）未将卫生用农药与其他商品分柜销售；

（四）不履行农药废弃物回收义务。

第五十九条 境外企业直接在中国销售农药的，由县级以上地方人民政府农业主管部门责令停止销售，没收违法所得、违法经营的农药和用于违法经营的工具、设备等，违法经营的农药货值金额不足5万元的，并处5万元以上50万元以下罚款，货值金额5万元以上的，并处货值金额10倍以上20倍以下罚款，由发证机关吊销农药登记证。

取得农药登记证的境外企业向中国出口劣质农药情节严重或者出口假农药的，由国务院农业主管部门吊销相应的农药登记证。

第六十条 农药使用者有下列行为之一的，由县级人民政府农业主管部门责令改正，农药使用者为农产品生产企业、食品和食用农产品仓储企业、专业化病虫害防治服务组织和从事农产品生产的农民专业合作社等单位的，处5万元以上10万元以下罚款，农药使用者为个人的，处1万元以下罚款；构成犯罪的，依法追究刑事责任：

（一）不按照农药的标签标注的使用范围、使用方法和剂量、使用技术要求和注意事项、安全间隔期使用农药；

（二）使用禁用的农药；

（三）将剧毒、高毒农药用于防治卫生害虫，用于蔬菜、瓜果、茶叶、菌类、中草药材生产或者用于水生植物的病虫害防治；

（四）在饮用水水源保护区内使用农药；

（五）使用农药毒鱼、虾、鸟、兽等；

（六）在饮用水水源保护区、河道内丢弃农药、农药包装物或者清洗施药器械。

有前款第二项规定的行为的，县级人民政府农业主管部门还应当没收禁用的农药。

第六十一条　农产品生产企业、食品和食用农产品仓储企业、专业化病虫害防治服务组织和从事农产品生产的农民专业合作社等不执行农药使用记录制度的，由县级人民政府农业主管部门责令改正；拒不改正或者情节严重的，处2 000元以上2万元以下罚款。

第六十二条　伪造、变造、转让、出租、出借农药登记证、农药生产许可证、农药经营许可证等许可证明文件的，由发证机关收缴或者予以吊销，没收违法所得，并处1万元以上5万元以下罚款；构成犯罪的，依法追究刑事责任。

第六十三条　未取得农药生产许可证生产农药，未取得农药经营许可证经营农药，或者被吊销农药登记证、农药生产许可证、农药经营许可证的，其直接负责的主管人员10年内不得从事农药生产、经营活动。

农药生产企业、农药经营者招用前款规定的人员从事农药生产、经营活动的，由发证机关吊销农药生产许可证、农药经营许可证。

被吊销农药登记证的，国务院农业主管部门5年内不再受理其农药登记申请。

第六十四条　生产、经营的农药造成农药使用者人身、财产损害的，农药使用者可以向农药生产企业要求赔偿，也可以向农药经营者要求赔偿。属于农药生产企业责任的，农药经营者赔偿后有权向农药生产企业追偿；属于农药经营者责任的，农药生产企业赔偿后有权向农药经营者追偿。

第八章　附　则

第六十五条　申请农药登记的，申请人应当按照自愿有偿的原则，与登记试验单位协商确定登记试验费用。

第六十六条　本条例自2017年6月1日起施行。